U0349111

河北省渤海粮仓项目示范县市位置图

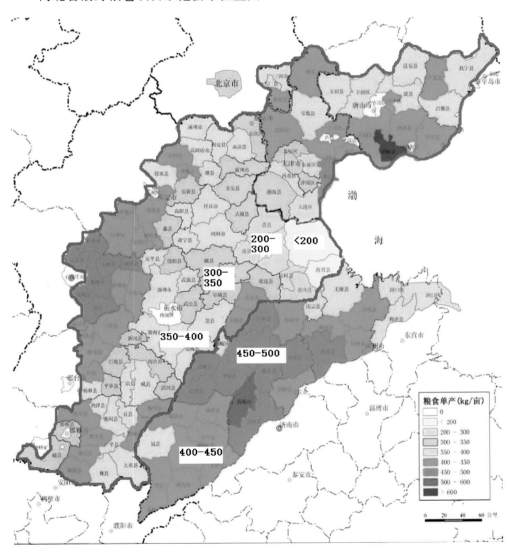

沧州市渤海粮仓项目示范县市位置图

沧州市渤海粮仓科技示范工程主推技术

刘小京 阎旭东 主编

中国农业科学技术出版社

图书在版编目（CIP）数据

沧州市渤海粮仓科技示范工程主推技术/刘小京，阎旭东主编.—北京：中国农业科学技术
出版社，2016.1

ISBN 978－7－5116－2500－7

Ⅰ.①沧…　Ⅱ.①刘…②阎…　Ⅲ.①低产土壤-粮食作物-高产栽培-栽培技术-研究-沧州
市　Ⅳ.①S51

中国版本图书馆 CIP 数据核字（2016）第 016758 号

责任编辑　鱼汲胜　褚　怡
责任校对　马广洋

出 版 者　中国农业科学技术出版社
　　　　　　北京市中关村南大街 12 号　邮编：100081
电　　话　（0）13671154890（编辑室）（010）82109704（发行部）
　　　　　　（010）82109709（读者服务部）
传　　真　（010）82106650
网　　址　http://www.castp.cn
经 销 者　各地新华书店
印 刷 者　北京富泰印刷有限责任公司
开　　本　787mm×1 092mm　1/16
印　　张　9.75
字　　数　150 千字
版　　次　2016 年 1 月第 1 版　2016 年 1 月第 1 次印刷
定　　价　39.00 元

编 委 会

组委会

主　任：龚金港（沧州市科技局）

副主任：李建英（沧州市科技局）

　　　　刘占峰（沧州市科技局）

秘书长：刘瑞华（沧州市科技局）

主　编

刘小京（中国科学院）

阎旭东（沧州市农林科学院）

副主编

黄素芳（沧州市农林科学院）

王晓梅（沧州市农牧局）

卢书海（沧州市科技局）

参编人员（按姓氏拼音排序）

陈化榜	陈善义	陈素英	董宝娣	丁　强	龚金港
胡春胜	黄素芳	巨兆强	孔德平	李建英	李金英
林长青	刘　云	刘　震	刘金铜	刘金镯	刘孟雨
刘瑞华	刘小京	刘艳昆	刘永平	刘占峰	刘振敏
刘忠宽	卢书海	卢思慧	潘宝军	平文超	芮松青
邵立威	师长海	孙宏勇	唐淑霞	田伯红	王继贵
王庆雷	王晓梅	王秀领	肖　宇	谢志霞	徐玉鹏
阎旭东	杨树昌	岳明强	张承礼	张喜英	张玉铭
赵松山	赵忠祥				

前　言

"渤海粮仓科技示范工程"是国家最高科技奖获得者、中国科学院李振声院士在调研沧州市中低产田粮食增产研究基础上提出,由中国科学院、科技部联合河北、山东、辽宁和天津实施的国家重大科技支撑计划项目。项目已于 2013 年正式启动。项目面向国家粮食安全重大需求,针对环渤海低平原区 4 000 万亩(1 亩≈667m²,15 亩 = 1 公顷,全书同)中低产田、1 000 万亩盐碱荒地淡水资源匮乏、土壤瘠薄盐碱制约粮食生产问题,充分发挥区域土地资源、咸水资源、降水、光照充足和经济快速发展的优势,依据"扩面积、增单产、水保障、创高值"的粮食增产总体思路,重点突破区域土、肥、水、种等关键技术,在环渤海低平原区的河北、山东、辽宁和天津建立粮食增产示范区,研发、集成、示范推广耐盐优质高产农作物品种、微咸水安全灌溉与雨水高效利用、盐碱地高效改良利用与快速培肥、中低产田粮食增产、棉改增粮等技术,以科技特派员为纽带和桥梁,建立企业与新型农业合作组织参与的示范机制,探索中低产农田粮食增产技术模式和"一二三"产业融合技术体系,构建适度规模经营的现代农业生产技术体系与示范样板,规模化示范推广粮食增效技术,大幅度提升环渤海中低产田粮食增产能力,实现到 2017 年增粮 60 亿斤(1 斤 = 0.5 公斤,1 公斤 = 1 千克,全书同)、到 2020 年增粮 100 亿斤目标,为保障国家粮食安全和推动区域现代农业发展提供科技支撑。

沧州市位于河北省中南部,东临渤海,北依京津,南部与山东接壤,地理位置优越,土地面积广阔,地势平坦,光照充足,是河北省粮、棉、油集中产区之一。现辖 18 个县市区,总人口 710 万,其中,农业人口 570 万,总面积 1.4 万平方千米,耕地面积 1 241.4 万亩,常年粮食作物播种面积 1 200 万亩左右,粮食总产占全省粮食总产的 14%;棉花播种面积 130 万亩左右,总产占全省的20%。历史上受旱涝盐碱制约,粮食产量低而不稳,农业发展缓慢。随着沧州市社会经济发展和科技进步,特别是改革开放以来,沧州市不断加大农业投入,高度重视科技工作,开展了大面积中低产田和盐碱地的治理改造工作,农业面貌发生了显著改观，粮食产量大幅度提高。自 2003 年以来，沧州市累计粮食增产量占到河北省粮食累计增产量的 20% 以上，为保障粮食安全做出了突出贡献。但是，受区域自然资源因子影响，该区淡水资源极度匮乏，人均和亩均水资源量不足全国平均水平的 1/12 和 1/16，有 300 多万亩耕地处于雨养旱作状态，粮食单产不足 200kg/亩，有 300 多万亩的盐碱荒地有待开发利用。受淡水资源匮乏和土壤瘠薄盐碱制约，全市粮食单产平均不足 400kg/亩，依然是中低产区，迫切需要通过科技进步，提高粮食生产水平和效益，促进区域现代农业的发展。

2013 年以来，在国家科技支撑项目"渤海粮仓科技示范工程项目"的支持下，中国科学院遗传与发育生物学研究所及农业资源研究中心、沧州市农林科学院等多家科研单位针对沧州地区自然与生产特点开展科研攻关，已在耐盐优质小麦、玉米、谷子新品种选育、微咸水灌溉、雨养旱作栽培技术、盐碱地改良与利用、土壤培肥与地力提升等方面取得一系列成果，形成了微咸水补灌吨粮、雨养旱作亩增百公斤和盐碱地高效利用三大模式，创新了以专业合作组织为主体的推广应用模式，并带动了种业、加工业、畜牧业等产业的发展，有力推进了沧州市粮食增产和农业的发展，成为渤海粮仓项目实施的核心区。

为加快推进区域粮食增产增效和现代农业的发展，进一步做好项目的实施，沧州市科技局组织相关领域专家，依据前期形成的技术成果，编辑成《沧州市渤海粮仓科技示范工程主推技术》一书，供在生产实践中参考应用。

本书共分 6 篇。第一篇为节水种植技术；第二篇为雨养旱作种植技术；第三篇为微咸水高效利用技术；第四篇为盐碱地改良技术；第五篇为其他技术；第六篇为抗旱耐盐丰产作物新品种简介。

项目在实施过程中得到了中国科学院李振声院士、刘昌明院士、河北省农林科学院王慧军研究员等专家的悉心指导，本书的出版得到了中国农业科学技术出版社的大力支持，在此表示衷心感谢。

由于编著者水平所限，加之时间仓促，在内容的系统性、完整性、代表性方面难免有不妥之处，敬请同行专家和读者批评指正！

沧州市渤海粮仓领导小组办公室
2015 年 11 月 3 日

目　录

第一篇 节水种植技术

小麦缩畦减灌精细地面灌溉技术

一、技术概述

根据环渤海内陆低平原区冬小麦的生长发育规律和需水特点，以及当地的气候资源情况，结合中国科学院农业资源研究中心多年研究成果，提出了小麦缩畦减灌精细地面灌溉技术。该技术依据小麦根系特点和需水规律，旨在减少小麦灌溉水量，提高灌溉小麦的水分利用效率，通过小麦缩畦减灌精细地面灌溉技术，在不降低产量的前提下，可实现水分经济效益的全面提升（图1-1）。

图1-1 小麦缩畦减灌精细地面灌溉技术畦面控制、灌溉设备及效果

二、技术要点

1. 缩畦地面精细灌溉

（1）畦田面积控制在 $15 \sim 25\mathrm{m}^2$。

（2）全程软管输水。

（3）软管的扣式套结。

2. 土壤耕作技术

（1）土壤深松：小麦收获后土壤隔年深松 $25 \sim 28\mathrm{cm}$。

（2）免耕：玉米免耕播种。

（3）秸秆还田—旋耕一体化：小麦播前玉米秸秆切碎、旋耕 2 遍（15cm）。

3. 水肥耦合技术

（1）限量灌溉：拔节、灌浆期灌溉 $1 \sim 2$ 次，次灌水量 $40 \sim 50\mathrm{mm}$。

（2）减少 N 肥投入：秸秆全部还田下，减少 N 使用量 $25\% \sim 35\%$。

（3）肥料深施：结合土壤深松施肥一次。

三、适宜种植区域

适合河北低平原有浅层微咸水和深层地下水的冬小麦种植区，土壤类型为壤土、砂壤土、轻壤土类型，地势平坦。

四、联系单位及联系地址

河北省石家庄市槐中路 286 号，中国科学院遗传发育所农业资源研究中心

五、联系人及电话

刘孟雨：0311 – 85871562　　　　董宝娣：13931187296

小麦隔畦限量节水灌溉技术

一、技术概述

根据环渤海内陆低平原区冬小麦的生长发育规律和需水特点，以及当地的气候资源情况，结合中国科学院农业资源研究中心多年研究成果，提出了小麦隔畦限量节水灌溉技术。该技术依据分根交替灌溉有效的调节气孔开闭；而处于湿润区的根系从土壤中吸取水分满足生命最小需要，由此达到节水的目的的原理。改变井灌区冬小麦畦灌为沟灌，进行隔畦限量灌溉。旨在减少了灌溉面积、降低了地表蒸发，同时促进了同化物向籽粒转运。通过小麦隔畦限量节水灌溉技术，在不降低产量的前提下，可实现水分经济效益的全面（图1-2）。

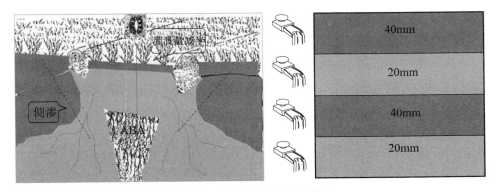

图1-2　技术原理和灌溉示意图

二、技术要点

（1）土地整理、播种、施肥：入冬前播种，播种前将土地整理成长10~25m，宽2m规格的条形畦，播种密度为15万~25万株/亩，正常施加基肥。

（2）作物处于拔节孕穗期进行一次灌溉，采用隔畦限量灌溉方法，相邻两畦灌溉40mm和20mm。

（3）作物处于抽穗开花期进行一次灌溉，采用隔畦限量灌溉方法，相邻两畦的灌水量与上次浇灌时进行交换,即上次浇灌 40mm 的此次浇灌 20mm,上次浇灌 20mm 的此次浇灌 40mm。

(4) 作物处于灌浆期时进行一次灌溉,采用采用隔畦限量灌溉方法,相邻两畦的灌水量与上次浇灌时交换,即上次浇灌 40mm 的此次浇灌 20mm,上次浇灌 20mm 的此次浇灌 40mm(图 1-3)。

图 1-3 小麦隔畦限量节水灌溉技术示范效果

三、适宜种植区域

适合河北低平原有浅层微咸水和深层地下水的冬小麦种植区,土壤类型为壤土、砂壤土、轻壤土类型,地势平坦。

四、联系单位及联系地址

河北省石家庄市槐中路 286 号,中国科学院遗传发育所农业资源研究中心

五、联系人及电话

刘孟雨:0311-85871562　　　师长海:13931187296

冬小麦多抗节水高产高效栽培技术

一、技术概述

该技术是沧州市农林科学院小麦育种课题组结合沧州小麦生产严重缺水，隐性灾害频发的实际，创新集成的小麦多抗节水高产栽培技术。

二、增产增效情况

该技术 2013 年配合沧麦 119 和沧麦 028 在献县进行大面积综合技术示范，平均亩穗数 52.8 万、穗粒数 30.4 个、千粒重 40.0g，亩产 523.0kg，常规技术田亩产 474.5kg，增产 10.22%，实现了该区小麦的增产、增收、增效。

三、技术要点

1. 选用优种

选用适合本地区种植的通过国家或省级农作物品种审定委员会审定的品种，高水肥麦田：沧麦 119、邯 6172、石麦 15、石优 20、沧麦 028、衡 4399、沧麦 12、中麦 179 等；中水肥麦田：沧麦 6002、中麦 12、邯 4589、沧麦 6005、轮选 987 等。

2. 药剂拌种

采用杀虫剂辛硫磷，用量为种子量的 0.3%；杀菌剂 20% 三唑酮乳油，用量为种子量的 0.15%。先拌杀虫剂，稍晾干后再拌杀菌剂，拌后堆闷 2~3h 后，晾干播种。

3. 浇足底墒

玉米收获前 10~15d 或者收获后浇底墒水，要求达到田间最大持水量的 90%，每亩灌水量 40~45m³，灌溉用水矿化度≤3g/L。

4. 施足基肥

每亩施用优质有机肥 1 ~ 2m³ 以上或优质饼肥 75kg 以上、尿素 15 ~ 20kg、磷酸二铵 20 ~ 25kg、硫酸钾 15 ~ 20kg、硫酸锌 1kg，肥料全部底施。

5. 精细整地

前茬玉米收获后，采用秸秆还田机，将秸秆粉碎 5cm 左右并均匀铺撒于地表。要求耕深 20cm 以上，达到地面平整，上虚下实。采用旋耕深度要达到 15cm 左右，保证作业质量。

6. 适期播种

（1）播期：小麦从播种至越冬要求 0℃ 以上有效积温 600 ~ 650℃，越冬苗龄 5.5 ~ 6 片叶。沧州从北向南的适宜播种期为 10 月 1—6 日。

（2）播量与播期应协调，适宜播种期保证每亩基本苗 20 万 ~ 26 万为宜。以后每推迟 1d，每亩基本苗增加 1 万。但最高播种量不超过 45 万。

$$每亩播种量（kg）= \frac{每亩计划基本苗数 \times 千粒重（g）}{1\,000 \times 1\,000 \times 发芽率（\%）\times 出苗率（\%）}$$

（3）采用等行距条播，行距 15cm。播种深度 3 ~ 5cm。保证下种均匀、深浅一致、行距一致、不漏播、不重播，地头地边播种整齐。

7. 播后镇压

播种后根据墒情待表层土壤适当散墒泛白后及时镇压。

8. 节水灌溉

春季浇水 2 次。第一水浇水时间，群体较小和苗弱的麦田起身期，壮苗在拔节期，每亩追肥量为纯氮 6 ~ 8kg。第二水在小麦抽穗扬花期。每次每亩灌水量 40 ~ 45m³，灌溉用水矿化度≤3g/L。

9. 一喷三防

小麦生育后期常发生的病虫害是白粉病、锈病、蚜虫，每亩用 15% 三唑酮粉剂 80 ~ 100g、10% 吡虫啉 10 ~ 15g，磷酸二氢钾 100 ~ 150g，对水 50kg 叶面喷施，可起到防病、防虫、防后期早衰"一喷三防"增加粒重的效果。

四、适宜种植区域

适宜沧州市水浇地麦田应用。

五、联系单位及联系地址

河北省沧州市运河区九河西路，沧州市农林科学院

六、联系人及电话

赵松山：0317 – 2128613　　　　13503179601

"双早双晚"周年高产高效种植技术

一、技术概述

环渤海低平原冬小麦生长季降水少、温度年际波动大，维持高产需要的资源投入代价大；夏玉米生长季光热资源较充足，降水丰富，产量提升潜力巨大。根据两季作物生长特点，提出了冬小麦通过适期晚播和提早收获实现稳产高效、夏玉米提早播种和晚收获实现高产高效的"双早双晚"生育期搭配种植技术，实现在不增加投入和管理成本条件下，充分利用该区光热资源，提高小麦玉米周年产量（图1-4）。

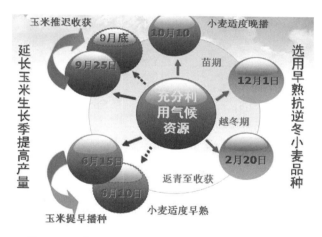

图1-4 "双早双晚"周年高产高效种植制度示意

二、技术要点

1. 品种

冬小麦品种要求早熟、晚播出苗好、抗寒能力强的品种，目前，该地区较适宜的冬小麦品种有邯6172、衡4399、小偃81、小偃60、观35等；夏玉米品种要求中早熟、可密植和抗倒性强的品种，目前在该地区较适宜的品种有先玉335、郑单 958、洄单 20 等。

2. 整地播种

冬小麦适期晚播要求底墒好，0~50cm 土壤含水量大于 75% 的田间持水量；秸秆还田要碎且匀，不影响出苗；与适期播种相比，播量根据晚播天数，适当增加。

3. 播期和收获期

冬小麦在 10 月 10 日前后播种，夏玉米在 6 月 10—15 日播种；冬小麦根据成熟情况及时收获，夏玉米根据天气和作物长势推迟收获，可推迟到 10 月初。

4. 田间管理

病虫草害和水肥等田间管理，与其他田间管理一样，要及时跟上（图 1－5）。

图 1－5 "双早双晚"周年高产高效种植技术示范效果

三、适宜种植区域

适宜于环渤海平原冬小麦—夏玉米一年两作种植区；土壤类型为壤土、砂壤土、轻壤土类型，地势平坦。

四、联系单位及联系地址

河北省石家庄市槐中路 286 号，中国科学院遗传发育所农业资源研究中心

五、联系人及电话

邵立威：0311－85800013   刘小京：0311－85871748

冬小麦夏玉米调亏灌溉技术

一、技术概述

在淡水资源亏缺区域，如何在不增加甚至减少灌溉用水量条件下增加作物产量是保障区域农业可持续发展的重要措施。农作物调亏灌溉技术是根据作物不同生育期对水分亏缺反应不同，一定时期一定程度的水分亏缺可控制作物不必要的营养生长，并有利于营养生长向经济生长转移，提高干物质向经济产量的转化速率，实现在减少灌溉用水量条件下作物产量不降低或增产。冬小麦夏玉米在调亏灌溉制度下比充分灌溉可实现年节约灌溉水 $40 \sim 80m^3$／亩，水分利用效率提高 $15\% \sim 20\%$。

二、技术要点

1. 冬小麦调亏灌溉技术

冬小麦不同生育期灌溉的重要性：冬小麦不同时间灌水重要性不同，根据区域灌溉水供应能力，在灌溉水资源受限制区域，冬小麦使用调亏灌溉制度可节省灌溉水的排序为：返青水、越冬水、灌浆水、孕穗—扬花水。最不可省的灌溉水是拔节水（图1-6）。

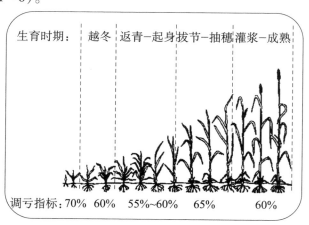

图1-6　冬小麦不同生育期实施调亏灌溉的土壤水分控制指标

冬灌原则：冬小麦播前底墒充足，除非特别干旱年份，一般不灌冻水。

返青控水原则：实现返青控水、只起身后期至拔节期灌水，培育冬前壮苗尤为重要；除冬季特别干旱、需浇水"保命"外，一般不需灌返青水。即便必灌，应灌小水，不施肥。

其他灌溉原则：挑旗孕穗水、抽穗水和扬花水可合并为一。根据土壤水分及气候状况决定早晚；酌情浇灌浆水，且以小、早为宜。

具体实施：

播前底墒：小麦播种前 0～50cm 土层土壤含水量小于田间持水量的 70% 时，播种前要浇底墒水。

冬灌：是适宜进行调亏灌溉的时期。越冬前 0～50cm 平均土壤含水量不小于田间持水量的 60% 时，可不进行灌溉。

春季灌溉管理：冬小麦返青—起身前是适宜进行调亏灌溉的时期。0～50cm 土壤含水量不小于田间持水量的 55% 时，可不浇水。起身—拔节前也是适宜进行调亏灌溉时期。当 0～50cm 土层含水量不小于田间持水量的 60% 时，正常苗情麦田，不浇水。拔节—抽穗开花期是冬小麦需水敏感期，不适宜进行调亏灌溉。当 0～60cm 土层含水量小于田间持水量的 65% 时，及时灌溉。抽穗开花—籽粒形成期也不适宜进行调亏灌溉，当 0～70cm 土层含水量小于田间持水量的 65% 时，及时灌溉。到籽粒灌浆—成熟期，适宜进行调亏灌溉，当 0～80cm 土层土壤含水量不小于田间持水量的 60% 时，可不浇水。

2. 夏玉米调亏灌溉技术

夏玉米苗期和后期灌浆成熟期对水分亏缺与其他生育期相比较不敏感，夏玉米适合调亏灌溉的时期为苗期和后期（图 1-7）。

具体实施：

播种水分管理：0～50cm 土壤含水量小于田间持水量 70% 时，玉米播后应立即灌溉。

苗期水分管理：适宜进行调亏灌溉时期。0～50cm 土壤含水量不小于田间持水量的 55%～60% 时，不灌溉。

拔节—大喇叭口前：适宜进行调亏灌溉时期。0～50cm 土壤含水量不小于田间持水量的 60%～65% 时，不灌溉。

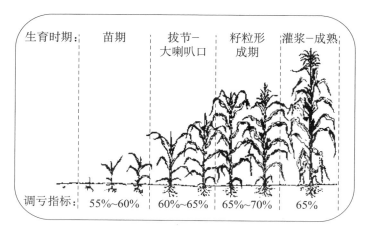

图 1-7 夏玉米不同生育期实施调亏灌溉的土壤水分控制指标

大喇叭口—籽粒形成期：不适宜进行调亏灌溉时期。0～70cm 土壤含水量小于土壤田间持水量的 65%～70%，及时灌溉。

籽粒灌浆—成熟期：适宜进行调亏灌溉时期。0～70cm 土壤含水量不小于田间持水量的 65% 时，不灌溉。遇到秋季降水少的年份，小麦播种前土壤水分达不到足墒播种，在玉米收获前可提前造墒，实现一水两用。

三、适宜种植区域

适宜于环渤海低平原区冬小麦夏玉米一年两作种植区，土壤类型为壤土、砂壤土等各类型壤土，地势平坦。

四、联系单位及联系地址

河北省石家庄市槐中路 286 号，中国科学院遗传发育所农业资源中心

五、联系人及电话

张喜英：0311-85871762　　　孙宏勇：0311-85814362

夏玉米—大豆间作种植技术

一、技术概述

该技术通过玉米宽窄行种植，在保持玉米亩株数与常规种植基本不变的条件下，在宽行间种植一定面积的大豆的种植方式。即玉米采用宽窄行播种，播种2行玉米，玉米大行距160cm，小行距34cm，株距17cm。玉米宽行间种植3行大豆，大豆行距40cm，株距10cm，距玉米40cm。玉米播种密度4 000株/亩，大豆播种密度10 000株/亩（图1-8）。

图1-8　夏玉米—大豆间作种植技术示范效果

二、投入产出效益分析

玉米大豆间作可改善作物群体结构，提高自然资源利用率，氮肥肥施用量得以减少，显著提高环境生态效益；利用豆科作物的共生固氮特性，每年固氮量可达75~150kg/hm²。夏玉米与大豆间作模式，夏季播种玉米可保证了其主体地位，农田种植经济效益得以提高，缓解单一化种植带来的土壤生态环境问题，兼顾经济效益和生态效益。

玉米、大豆间作高效种植模式玉米产量为500kg/亩；大豆产量为82kg/亩。玉米、大豆间作夏播高效种植模式的效益1 560元，常规种植模式玉米的效益为1 380元；玉米、大豆间作种植模式比常规种植模式亩效益高180元。

玉米、大豆间作高效种植模式是一种比较理想的种植形式，充分发挥了玉米的边行优势，比对照常规单作玉米效益增加显著，并且有培肥地力的作用，值得推广。

三、适宜区域

河北省黑龙港流域夏玉米夏大豆种植区。

四、联系单位及联系地址

河北省沧州市运河区九河西路，沧州市农林科学院

五、联系人及电话

阎旭东：18031793996　　　徐玉鹏：13932763123

ICS 65.020.01

B05

DB13

河　北　省　地　方　标　准

DB 13/T 2183—2015

夏玉米大豆间作种植技术规程

2015－01－1 发布　　　　　　　　　2015－01－30 实施

河北省质量技术监督局　发　布

前　　言

本标准按照 GB/T 1.1 – 2009 给出的规则起草。

本标准由沧州市质量技术监督局提出。

本标准起草单位：沧州市农林科学院。

本标准主要起草人：徐玉鹏、岳明强、阎旭东、王秀领、黄素芳、孔德平、刘忠宽、林长青、刘艳昆、肖 宇、芮松青、刘振敏。

夏玉米—大豆间作种植技术规程 *

1 范围

本标准规定了夏玉米—大豆间作种植的术语和定义、种植技术、播后田间管理、收获等。

本标准适用于河北省夏玉米夏大豆种植区。

2 规范性引用文件

下列文件对于本文件的应用是必不可少的。凡是注日期的引用文件，仅注日期的版本适用于本文件。凡是不注日期的引用文件，其最新版本（包括所有的修改单）适用于本文件。

GB 4404.1 – 2008 粮食作物种子 第1部分：禾谷类

GB 4401.2 – 2010 粮食作物种子 第2部分 豆类

GB 4285 农药安全使用标准

GB 5084 农田灌溉水质标准

GB /T 8321 （所有部分）农药合理使用标准

NY/T 496 肥料合理使用准则 通则

3 术语定义

下列术语和定义适用于本文件。

3.1 间作

在同一地块上，隔株、隔行或隔畦同时栽培两种或者两种以上生育期相近的作物，以充分利用地力、光能、热能等，提高单位面积产量与经济效益。

3.2 夏玉米与大豆间作种植方式

通过夏玉米、大豆带状种植，在保持玉米亩株数基本不变的条件下，在玉米行间种植一定面积的大豆的种植方式。

4 种植技术

4.1 播前准备

4.1.1 精细整地

玉米适播期内，当耕层（0~20cm）土壤含水量达到田间最大持水量的60%~70%时，采用深松+旋耕的整地方式，深松每2—3年一次，深度40cm以上。播前旋耕，耕深15cm，达到土壤细碎，地面平整。播前镇压，形成上虚下实的土壤结构，利于大豆出苗。

4.1.2 施足底肥

根据地力，旋耕前底施纯 N 3~5kg/亩，P_2O_5 3~5kg/亩，K_2O 3~5kg/亩，$ZnSO_4$ 1kg/亩。肥料的使用应符合 NY/T 496 的规定。

4.1.3 品种选择

玉米品种：选择国家或省品种审定委员会审定的适宜本区域种植的具有耐密、抗倒、抗病、优质高产特性的玉米品种，夏播生育期96d左右。种子质量应符合 GB 4404.1—2008 中一级要求。

大豆品种：选用有限结荚习性或亚有限结荚习性的高产、矮秆、早熟的夏大豆品种。种子质量应符合 GB 4404.2—2010 中一级要求。

4.1.4 种子处理

种子包衣，或采用杀虫、杀菌药剂拌种。

4.2 播种

4.2.1 土壤墒情

耕层（0~20cm）土壤含水量达到田间最大持水量的60%~70%时即可播种。

4.2.2 播种时期

播种宜早，小麦收获后及时播种。

4.2.3 种植模式

玉米采用宽窄行播种，玉米大行距160cm，小行距34cm，株距17cm。玉米宽行间种植3行大豆，大豆行距40cm，株距10cm，距玉米40cm。

4.2.4 种植密度

玉米种植密度4 000株/亩，大豆种植密度10 000株/亩。

4.2.5　播种方式

夏玉米与大豆按条播方式，使用播种机播种。玉米播深 3~5cm，大豆播深 3~4cm，要求播深一致，播后镇压。

5　播后田间管理

5.1　化学除草

播后出苗前喷施除草剂，亩用 50% 乙草胺乳油 100~120ml 加水 30~50kg 喷施。

5.2　追肥

玉米大喇叭口期，于玉米行间追施纯 N 9~11kg/亩，采取沟施方式。雨后追施或施后浇水。大豆生育后期，叶面喷施 1%~2% 的尿素溶液和 0.2%~0.5% 的磷酸二氢钾溶液。

5.3　化控

于玉米 8~10 叶期，喷施缩节胺等药剂控制株高，以防倒伏。

5.4　浇水、排涝

大豆开花期必须保证水分供应，水质应符合 GB 5084 的规定。雨季注意及时排涝。

6　病虫害防治

6.1　农药的使用准则

应符合 GB 4285、GB/T 8321（所有部分）的规定。

6.2　玉米主要病虫害

6.2.1　主要病害防治

褐斑病在玉米 3~5 叶期，用 15% 粉锈宁可湿性粉剂 1 000 倍液，每亩 30kg 连续喷雾 2 次。锈病在发病初期，用 15% 粉锈宁可湿性粉剂 100g 加水 60kg/亩喷雾。

6.2.2　主要虫害防治

二点委夜蛾在幼虫 2 龄前用 20% 氯虫苯甲酰胺悬浮剂 4 500 倍液、20% 灭多威乳油 1 000 倍液，每亩 45kg 全田均匀喷雾，同期防治玉米蓟马、灰飞虱；玉米螟心叶末期用 90% 敌百虫 800～1 000 倍液，或用 75% 辛硫磷乳剂 1 000 倍液，每亩 40kg 均匀喷雾；黏虫苗期百株有虫 20～30 个，生长中后期百株有虫 50～100 个时，用 2.5% 溴氰菊酯乳油，或用 20% 速灭相乳油 1 500～2 000 倍液，每亩 40kg 均匀喷雾；蚜虫用 25% 噻虫嗪水分散粉剂 1 000～2 000 倍液，或用 10% 吡虫啉可湿性粉剂 1 000 倍液，或用 50% 抗蚜威可湿性粉剂 2 000 倍液，每亩 40kg 均匀喷雾。

6.3 大豆主要病虫害防治

6.3.1 主要病害防治

选用抗病品种，花叶病在发病初期喷施每亩用 2% 菌克毒克水剂 150g 或 20% 病毒 A 可湿性粉剂 60g。加水 30kg 均匀喷雾，或 7—8 月结合治蚜喷施。孢囊线虫病采用大豆根保菌剂拌种。

6.3.2 主要虫害防治

大豆食心虫当上年虫食率达到 5% 以上时，用高效氯氰菊酯每亩 15～20mL 加水 30～40kg 进行均匀喷雾；蚜虫点片发生并有 5%～10% 的植株卷叶或有蚜株率达到 50% 时，每亩用 10% 的吡虫啉 15g，或用 1.8% 阿维菌素制剂或混剂 15mL，加水 30～40kg 均匀喷雾；棉铃虫用 75% 的辛硫磷乳剂 1 000 倍液，或用 48% 毒死蜱乳油 500～1 000 倍液，每亩 30kg 均匀喷雾；豆天蛾可用黑光灯诱杀成虫，或用 4.5% 的氯氰菊酯 2 000 倍液，每亩 30kg 均匀喷雾。

7 收获

玉米达到完熟期后即可收获。大豆进入黄熟末期到完熟期，叶片全部脱落，茎秆和豆荚已干并呈黑褐色时收获。及时晾晒、脱粒。

第二篇　雨养旱作种植技术

雨养旱作区蓄墒保播增收 "两年三作" 耕作种植制度

一、技术概述

沧州市农林科学院根据黑龙港流域雨养旱作区生态特点，以近年来研究形成的四套玉米、小麦旱作新技术为支撑，提出了《雨养旱作区蓄墒保播增收 "两年三作" 耕作种植制度》。改传统的 "一年一作" 或 "不稳定的两年三作" 低产低效种植模式，为稳定的 "两年三作" 高产高效种植模式，促进该区域农业生产系统的稳定性，提高作物产量，促进农民增收（图 2 - 1）。

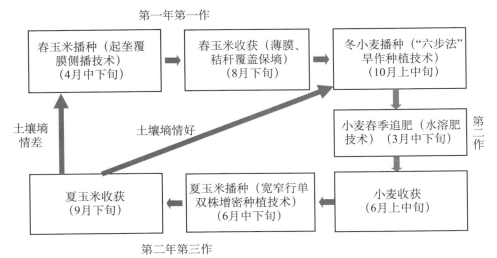

图 2 - 1　雨养旱作区蓄墒保播增收 "两年三作" 耕作种植制度

二、技术要点

《雨养旱作区蓄墒保播增收"两年三作"耕作种植制度》从春玉米种植入手，采用起垄、覆膜、沟播、宽窄行、秸秆覆盖、重施底肥、春季追施水溶肥、一穴双株等多项新型旱作增产技术，并进行集成，形成全新种植制度。在春玉米种植中，通过起垄覆膜侧播，起到增加地温、保墒、集雨，解决"卡脖旱"、增强抗倒能力的作用（图2-2）。收获后通过薄膜、秸秆双重覆盖，蓄雨保墒，保障冬小麦适期足墒播种，并且通过春季追施水溶肥技术，保障小麦后期不脱肥（图2-3）。夏玉米种植中，通过宽窄行种植模式，能够有效增加密度，提高光合效率，方便田间管理，增产增效（图2-4）。该种植制度可周年免灌水，显著提高了自然降水利用率。较传统种植方法，两年产量可增加30%以上。

图2-2 第一作：春玉米起垄覆膜侧播种植技术

图2-3 第二作：冬小麦旱作　　　图2-4 第三作：夏玉米宽窄行单
"六步法"种植技术　　　　　　　　双株种植技术

三、适宜种植区域

河北省黑龙港流域雨养旱作区。

四、联系单位及联系地址

河北省沧州市运河区九河西路，沧州市农林科学院

五、联系人及电话

阎旭东：18031793996　　　　徐玉鹏：13932763123

春玉米起垄覆膜侧播种植技术

一、技术概述

沧州市农林科学院自2012年开始春玉米起垄覆膜种植模式研究，渤海粮仓项目实施后，在该项目的支持下，目前，已形成一套成熟稳定的春玉米起垄覆膜侧播种植技术（图2-5至图2-7）。该技术采取起垄覆膜的种植方式，将玉米侧播于膜侧沟内，能够充分利用春季微小降水，同时通过薄膜覆盖保墒，有效解决困扰生产多年的春玉米"卡脖旱"问题，为提高春玉米产量奠定重要基础。2014年在黄骅进行了大面积示范推广，在当年严重干旱的情况下，示范田平均亩产753.4kg，较传统种植方式增产37.6%（图2-8、图2-9）。2015年，完成大型播种机械配套，实现旋耕—起垄—整形—覆膜—施肥—播种—镇压一体化。通过对播种盘的创新，双株率基本100%（图2-10、图2-11）。

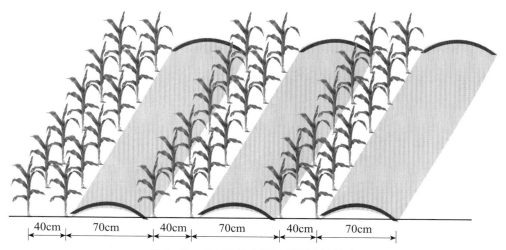

图2-5　春玉米起垄覆膜侧播种植模式

二、技术优势

（1）集雨、蓄水、保墒。

24

（2）提高地温 2 ~ 4℃。

（3）膜侧播种抗倒伏能力显著增强。

（4）通风透光，边行优势明显。

（5）一般可增产 10% 以上。

（6）收获后秸秆薄膜双覆盖，确保冬小麦足墒播种。

图 2 - 6 膜侧单株田间种植效果

图 2 - 7 膜侧双株田间种植效果

图 2 - 8 示范效果

图 2 - 9 专家现场检测

图 2 - 10 沧州市农林科学院研制的第一代春玉米起垄覆膜播种机 第二代起垄覆膜播种机

图 2 - 11　播种效果

三、适宜种植区域

河北省黑龙港流域春玉米种植区。

四、联系单位及联系地址

河北省沧州市运河区九河西路，沧州市农林科学院

五、联系人及电话

阎旭东：18031793996　　徐玉鹏：13932763123

ICS 65.020.01

B05

DB13

河 北 省 地 方 标 准

DB 13/T 2183—2015

春玉米起垄覆膜侧播种植技术规程

2015 – 01 – 15 发布　　　　　　　　2015 – 01 – 30 实施

河北省质量技术监督局　发　布

前　言

本标准按照 GB/T 1.1 – 2009 给出的规则起草。

本标准由沧州市质量技术监督局提出。

本标准起草单位：沧州市农林科学院。

本标准主要起草人：阎旭东、王秀领、黄素芳、徐玉鹏、肖宇、潘宝军、唐淑霞、刘金镯、芮松青　陈善义、岳明强、刘振敏、刘震。

春玉米起垄覆膜侧播种植技术规程 *

1 范围

本标准规定了春玉米起垄覆膜侧播种植技术的术语和定义、适宜环境条件、技术要点、播后田间管理、收获等。

本标准适用于黑龙港流域雨养旱作及非充分灌溉区春玉米种植。

2 规范性引用文件

下列文件对于本文件的应用是必不可少的。凡是注日期的引用文件,仅注日期的版本适用于本文件。凡是不注日期的引用文件,其最新版本(包括所有的修改单)适用于本文件。

GB 4285 农药安全使用标准

GB 4404.1—2008 粮食作物种子 第 1 部分:禾谷类

GB/T 8321(所有部分) 农药合理使用标准

GB /T 23348 缓释肥料

NY/T 496 肥料合理使用准则 通则

3 定义

下列定义适用于本文件。

3.1 起垄覆膜侧播

指于起垄后垄上覆膜,膜侧沟内播种的春玉米种植方式。

3.2 一穴双株

玉米穴播,每穴留两株,穴内株间距≤3cm,两株紧靠生长的种植方式。

4 适宜环境条件

选择土层深厚、排水良好的土壤。采用单株播种方式选择肥力中等以下的土壤；采用一穴双株播种方式选择肥力中等偏上的土壤。

5 技术要点

5.1 播前准备

5.1.1 施足底肥

结合旋耕，施有机肥 1 000 ~ 1 500kg/亩，ZnSO4 肥 1.5kg/亩，肥料的使用应符合 NY/T 496 的规定；选用具有缓释性能的肥料（N:P:K = 26:10:12）60kg/亩，缓释肥质量应符合 GB /T 23348 的规定。

5.1.2 精细整地

采用深松 + 旋耕的整地方式，每 2—3 年深松一次，深度 40cm 以上。播前结合施底肥旋耕，耕深 15cm。精细整地，要求土壤细碎，地面平整。

5.1.3 品种选择

选择国家或省品种审定委员会审定的适宜本区域种植的具有耐密、抗倒、抗病、优质高产特性的中晚熟玉米品种。种子质量应符合 GB 4404.1—2008 中一级规定，其中，发芽率 92% 以上。

5.1.4 种子处理

种子包衣，或采用杀虫、杀菌药剂拌种。

5.2 播种

5.2.1 适期足墒播种

土壤 5cm 地温稳定通过 7℃，耕层（0 ~ 20cm）土壤含水量达到田间最大持水量的 60% ~ 70% 时即可播种。

5.2.2 起垄覆膜播种

采用起垄覆膜播种一体机播种，垄底宽 70cm，垄高 10 ~ 15cm，垄距 40cm，垄上覆 80cm 宽、厚 0.008mm 可降解薄膜（降解天数 125 ~ 130d）。贴膜两侧各播一行玉米。单株播种，株距 24cm；双株播种，穴距 40cm。播深 3 ~ 5cm，播后镇压（图 2 – 12）。

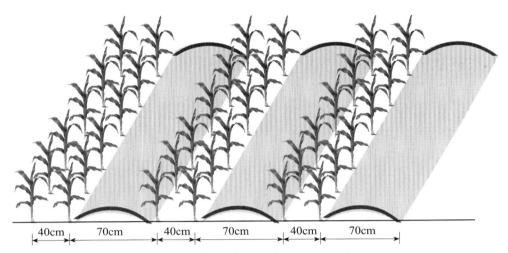

图 2 – 12 春玉米起垄覆膜侧播种植模式示意

5.2.3 种植密度

单株种植密度为 5 000 株/亩，双株种植密度为 6 000 株/亩。

5.3 播后田间管理

5.3.1 化学除草

播后出苗前垄沟内喷施除草剂，亩用 50% 乙草胺乳油 100 ~ 120ml，加水 30 ~ 50kg 喷施。

5.3.2 化控

于玉米 8 ~ 10 叶期，喷施缩节胺等药剂控制株高，以防倒伏。

5.3.3 排涝

雨季注意及时排涝。

6 病虫害防治

6.1 农药的使用准则

应符合 GB 4285、GB/T 8321（所有部分）的规定。

6.2 病害防治

6.2.1 粗缩病

在灰飞虱迁飞高峰期，用用 3% 啶虫脒乳油，或用 10% 吡虫啉可湿性粉剂，或用 25% 吡蚜酮 2 000 倍液，每亩 40kg 叶面喷雾。

6.2.2   锈病

在发病初期，用 15% 粉锈宁可湿性粉剂 100g 加水 60kg/亩喷雾。

6.2.3   褐斑病

在玉米 3～5 叶期，用 15% 粉锈宁可湿性粉剂 1 000 倍液，每亩 30kg 连续喷雾 2 次。

6.3   虫害防治

6.3.1   二点委夜蛾

在幼虫 2 龄前用 20% 氯虫苯甲酰胺悬浮剂 4 500 倍液、20% 灭多威乳油 1 000 倍液，每亩 45kg 全田均匀喷雾。同期防治玉米蓟马、灰飞虱。

6.3.2   玉米螟

心叶末期用 90% 敌百虫 800～1 000 倍液，或用 75% 辛硫磷乳剂 1 000 倍液，每亩 40kg 均匀喷雾。

6.3.3   黏虫

苗期百株有虫 20～30 个，生长中后期百株有虫 50～100 个时，用 2.5% 溴氰菊酯乳油，或用 20% 速灭相乳油 1 500～2 000 倍液，每亩 40kg 均匀喷雾。

6.3.4   蚜虫

用 25% 噻虫嗪水分散粉剂 1 000～2 000 倍液，或用 10% 吡虫啉可湿性粉剂 1 000 倍液，或用 50% 抗蚜威可湿性粉剂 2 000 倍液，每亩 40kg 均匀喷雾。

7   收获

玉米达到完熟期后即可收获。及时晾晒、脱粒、贮存。

玉米宽窄行单双株增密高产种植技术

一、技术概述

沧州市农林科学院自2012年开始玉米宽窄行种植技术研究，渤海粮仓项目实施后，在该项目的支持下，目前已形成一套成熟稳定的玉米宽窄行单双株增密增产种植技术（图2-13至图2-16）。土壤有机质含量大于1%的高肥力地块，可采用宽窄行一穴双株播种方式；一般肥力地块则采用宽窄行单株播种方式。宽窄行单株种植模式，宽行70cm，窄行40cm，单株种植模式穴距24cm，密度5 000株/亩；宽窄行双株种植穴距40cm，密度6 000株/亩（图2-17、图2-18）。

图2-13 玉米宽窄行单双株播种机

图2-14 玉米宽窄行田间种植

图2-15 宽窄行种植田间长势

图2-16 宽窄行种植田间长势

图 2 - 17　双株抗倒力强　　　图 2 - 18　传统等行距单株种植模式倒伏严重

　　2013 年，夏季大风沥涝，黄骅雨养旱作示范区二科牛村 160 亩示范田平均亩产分别达 772kg 和 748kg，分别比周边常规种植的玉米田增产 65.1% 和 70.4 %。2014年，严重干旱，120 亩核心区玉米实产 611.2kg，比传统对照田增产 50.02%。千亩示范方玉米产量达 567.2kg，比传统对照田增产 12.67%。万亩辐射示范区实际测产量为 503.8kg，比对照田增产 10.38%。2015 年前期较为干旱的气候条件下，千亩示范方玉米产量达 516.3kg，比传统对照田增产 37.78%。万亩辐射示范区实际测产量为 503.8kg，比对照田增产 50.38%（图 2 - 19、图 2 - 20）。

图 2 - 19　2013 年，黄骅市二科牛示范村夏玉米宽窄行种植示范田产量检测

图 2 - 20　2015 年，黄骅市二科牛示范村夏玉米宽窄行种植示范田产量检测

二、技术优势

（1）有效种植密度可增加 30% 左右。

（2）通风透光，边行优势明显。

（3）双株种植抗倒伏能力强。

（4）宽窄行种植便于田间管理。

（5）增产效果显著，一般增产 10% ~15%。

三、适宜种植区域

河北省黑龙港流域玉米种植区。

四、联系单位及联系地址

沧州市运河区九河西路，沧州市农林科学院

五、联系人及电话

阎旭东：18031793996　　徐玉鹏：13932763123

ICS 65.020.01

B05

DB 13

河 北 省 地 方 标 准

DB 13/T 2181—2015

玉米宽窄行一穴双株增密高产种植技术规程

2015 – 01 – 15 发布   2015 – 01 – 30 实施

河北省质量技术监督局   发   布

前　　言

本标准按照 GB/T 1.1 – 2009 给出的规则起草。

本标准由沧州市质量技术监督局提出。

本标准起草单位：沧州市农林科学院。

本标准主要起草人：阎旭东、王秀领、黄素芳、徐玉鹏、肖宇、潘宝军、唐淑霞、刘金镯、芮松青、陈善义、岳明强、刘振敏、刘震。

玉米宽窄行一穴双株增密高产种植技术规程 *

1 范围

本标准规定了玉米宽窄行一穴双株增密高产种植技术的术语和定义、种植技术、播后田间管理、收获等。

本标准适用于黑龙港流域玉米种植区。

2 范性引用文件

下列文件对于本文件的应用是必不可少的。凡是注日期的引用文件，仅注日期的版本适用于本文件。凡是不注日期的引用文件，其最新版本（包括所有的修改单）适用于本文件。

GB 4404.1－2008 粮食作物种子 第 1 部分：禾谷类

GB 4285 农药安全使用标准

GB 5084 农田灌溉水质标准

GB 8321（所有部分）农药合理使用标准

NY/T 496 肥料合理使用准则 通则

3 术语定义

下列术语和定义适用于本文件。

3.1 宽窄行种植

玉米播种采用宽行和窄行交替的种植方式。利于通风透光，避免群体郁闭。

3.2 一穴双株

玉米穴播，每穴留两株，穴内株间距≤3cm，两株紧靠生长的种植方式。

4 适宜环境条件

选择肥力中等偏上，土层深厚、排水良好的土壤。春播、夏播均可。

5 种植技术

5.1 播前准备

5.1.1 精细整地

玉米适播期内，当耕层（0～20cm）土壤含水量达到田间最大持水量的60%～70%时，采用深松＋旋耕的整地方式，深松每2—3年一次，深度40cm以上。播前旋耕，耕深15cm，达到土壤细碎，地面平整。

5.1.2 施足底肥

旋耕前均匀撒施有机肥1 000～1 500kg/亩，根据地力，底施纯 N 3～6kg/亩，P_2O_5 5kg/亩，K_2O 3kg/亩，$ZnSO_4$ 1kg/亩。肥料的使用应符合 NY/T 496 的规定。

5.1.3 品种选择

选择国家或省品种审定委员会审定的适宜本区域种植的具有耐密、抗倒、抗病、优质高产特性玉米品种。春播生育期125d左右，夏播生育期96d左右。种子质量应符合 GB 4404.1—2008 中一级规定，其中，发芽率92%以上。

5.1.4 种子处理

种子包衣，或采用杀虫、杀菌药剂拌种。

5.2 播种

5.2.1 土壤墒情

耕层（0～20cm）土壤含水量达到田间最大持水量的60%～70%时即可播种。

5.2.2 播种时期

春播土壤表层5cm地温稳定通过10℃以上时播种。夏播宜早，小麦收获后及时播种。

5.2.3 种植模式

采用宽窄行种植模式，宽行70cm，窄行40cm，穴距40cm，每穴2株。

5.2.4 种植密度

种植密度6 000株/亩。

5.2.5 播种方式

用玉米双株播种机播种。播深3～5cm，播深一致，播后镇压。

6 播后田间管理

6.1 化学除草

播后出苗前喷施除草剂，亩用 50% 乙草胺乳油 100～120ml，加水 30～50kg 喷施。

6.2 追肥

于玉米大喇叭口期，追施纯 N 9～11kg/亩，采取沟施方式。雨后追施或施后浇水。

6.3 化控

于玉米 8～10 叶期，喷施缩节胺等药剂控制株高，以防倒伏。

6.4 浇水、排涝

玉米关键时期（大喇叭口期、抽穗期）必须保证水分供应，水质应符合 GB 5084 的规定。雨季注意及时排涝。

7 病虫害防治

7.1 农药的使用准则

应符合 GB 4285、GB/T 8321（所有部分）的规定。

7.2 病害防治

7.2.1 粗缩病

在灰飞虱迁飞高峰期，用 3% 啶虫脒乳油，或用 10% 吡虫啉可湿性粉剂，或用 25% 吡蚜酮 2 000 倍液，每亩 40kg 叶面喷雾。

7.2.2 锈病

在发病初期，用 15% 粉锈宁可湿性粉剂 100g 加水 60kg/亩喷雾。

7.2.3 褐斑病

在玉米 3～5 叶期，用 15% 粉锈宁可湿性粉剂 1 000 倍液，每亩 30kg 连续喷雾 2 次。

7.3　虫害防治

7.3.1　二点委夜蛾

在幼虫 2 龄前用 20% 氯虫苯甲酰胺悬浮剂 4 500 倍液、20% 灭多威乳油 1 000 倍液，每亩 45kg 全田均匀喷雾。同期防治玉米蓟马、灰飞虱。

7.3.2　玉米螟

心叶末期用 90% 敌百虫 800～1 000 倍液，或用 75% 辛硫磷乳剂 1 000 倍液，每亩 40kg 均匀喷雾。

7.3.3　黏虫

苗期百株有虫 20～30 个，生长中后期百株有虫 50～100 个时，用 2.5% 溴氰菊酯乳油，或用 20% 速灭相乳油 1 500～2 000 倍液，每亩 40kg 均匀喷雾。

7.3.4　蚜虫

用 25% 噻虫嗪水分散粉剂 1 000～2 000 倍液，或用 10% 吡虫啉可湿性粉剂 1 000 倍液，或用 50% 抗蚜威可湿性粉剂 2 000 倍液，每亩 40kg 均匀喷雾。

8　收获

玉米达到完熟期后即可收获。及时晾晒、脱粒，贮存。

DB 13

沧 州 市 地 方 标 准

DB1309/T 170 – 2015

玉米宽窄行增密增产种植技术规程

2015 – 12 – 15 发布   2015 – 12 – 30 实施

沧州市质量技术监督局　发　布

前　　言

本标准按照 GB/T 1.1－2009 给出的规则起草。

本标准由沧州市农林科学院提出。

本标准起草单位：沧州市农林科学院。

本标准主要起草人：黄素芳、王秀领、徐玉鹏、阎旭东、肖宇、刘震、孔德平、刘振敏、杨树昌、李金英、赵忠祥、张承礼、岳明强、芮松青。

玉米宽窄行增密增产种植技术规程 *

1 范围

本标准规定了玉米宽窄行增密增产种植技术的术语和定义、适宜环境条件、种植技术、播后田间管理、收获等。

本标准适用于沧州玉米种植区。

2 规范性引用文件

下列文件对于本文件的应用是必不可少的。凡是注日期的引用文件，仅注日期的版本适用于本文件。凡是不注日期的引用文件，其最新版本（包括所有的修改单）适用于本文件。

GB 4404.1-2008 粮食作物种子 第1部分：禾谷类

GB 4285 农药安全使用标准

GB 5084 农田灌溉水质标准

GB 8321（所有部分）农药合理使用标准

NY/T 496 肥料合理使用准则 通则

DB 13/T 2183-2015 春玉米起垄覆膜侧播种植技术规程

3 术语定义

下列术语和定义适用于本文件。

3.1 宽窄行种植

玉米播种采用宽行和窄行交替种植的方式。

3.2 一穴双株

玉米穴播，每穴留两株，穴内株间距≤3cm的种植方式。

4　适宜环境条件

选择土层深厚、排灌良好的土壤。宽窄行单株播种方式选择肥力中等以下（有机质含量＜1.1%）的土壤；宽窄行一穴双株播种方式选择肥力中等偏上（有机质含量≥1.1%）的土壤。春播、夏播均可。

5　种植技术

5.1　播前准备

5.1.1　精细整地

玉米适播期内，当耕层（0~20cm）土壤含水量达到田间最大持水量的60%~70%时，采用深松＋旋耕的整地方式，深松每2—3年一次，深度30cm以上。播前旋耕，耕深15cm，达到土壤细碎，地面平整。

5.1.2　施足底肥

旋耕前均匀撒施优质有机肥1 000~1 500kg/亩，根据地力，底施纯N 3~6kg/亩，P_2O_5 5kg/亩，K_2O 3kg/亩，$ZnSO_4$ 0.5~1kg/亩。肥料的使用应符合NY/T 496的规定。

5.1.3　品种选择

选择国家或省品种审定委员会审定的适宜本区域种植的具有耐密、抗倒、抗病、优质高产特性玉米品种。春播生育期125d左右，夏播生育期96d左右。种子质量应符合GB 4404.1—2008中一级规定，其中，发芽率92%以上。

5.1.4　种子处理

采用包衣种子或采用杀虫、杀菌药剂拌种。

5.2　播种

5.2.1　土壤墒情

耕层（0~20cm）土壤含水量达到田间最大持水量的60%~70%时即可播种。

5.2.2　播种时期

春播5cm地温稳定通过12℃以上时播种。夏播宜早，小麦收获后及时播种。

5.2.3　种植模式

采用宽窄行种植模式，宽行70cm，窄行40cm。单株种植模式穴距24cm（图

2－21），双株种植穴距40cm（图2－22）。

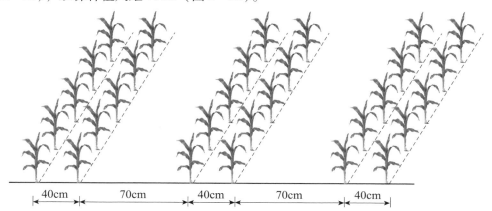

40cm　　　　70cm　　　　40cm　　　　70cm　　　　40cm

图2－21　玉米单株宽窄行种植模式：宽行70cm，窄行40cm，穴距24cm

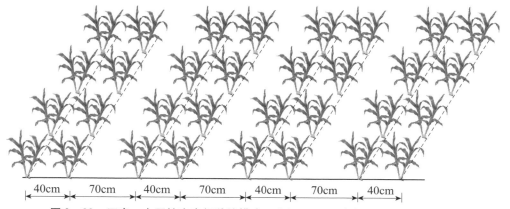

40cm　　70cm　　40cm　　70cm　　40cm　　70cm　　40cm

图2－22　玉米一穴双株宽窄行种植模式：宽行70cm，窄行40cm，穴距40cm

5.2.4　种植密度

单株种植密度为5 000株/亩，双株种植密度为6 000株/亩。

5.2.5　播种方式

用玉米宽窄行单株或双株播种机播种。播深3～5cm，播深一致，播后镇压。

6　播后田间管理

6.1　化学除草

播后出苗前喷施玉米专用除草剂，严格按说明书使用。

6.2　追肥

于玉米大喇叭口期，追施纯 N 9～11kg/亩，采取沟施方式。雨后追施或施后浇水。

6.3　化控

于玉米 9～11 叶期，喷施缩节胺等植物生长调节剂，严格按说明书使用。

6.4　浇水、排涝

玉米生长关键时期（大喇叭口期、抽雄期）必须保证水分供应，水质符合 GB 5084 的规定。雨季注意及时排涝。

6.5　病虫害防治

参考 DB 13/T 2183－2015 中执行。

7　收获

玉米达到完熟期后即可收获。及时晾晒、脱粒，贮存。

冬小麦"六步法"旱作种植技术

一、技术简介

经沧州市农林科学院多年研究，形成适宜当地气候特点的"品种选择—重施基肥—缩行增密—精细播种—重度镇压—春季追施水溶肥"冬小麦"六步法"旱作种植技术（图2-23）。

1. 品种选择

选用抗旱耐盐丰产小麦新品种，如沧麦6001、沧麦6005、小偃60等（图2-24）。

2. 重施基肥

每亩底施有机肥1 500kg，复合肥30~50kg（图2-25）。

3. 缩行增密

将小麦行距由传统的大行距改为17cm左右，在小麦适播期内亩播量15kg（图2-26、图2-27）。

4. 精细播种

播深3~5cm，均匀一致。

5. 重度镇压

改传统轻度镇压为播后、冬前、春季重度镇压，防止跑墒漏墒。

6. 春季追施水溶肥

春季小麦起身期，将小麦水溶复合肥15~20kg/亩，用1~2m³水溶解后，利用水溶肥施肥机沟施于麦垄间，深度3~5cm（图2-28至图2-31）。

二、技术优势

（1）保证旱地小麦营养需求，后期不脱肥。

（2）重度镇压，有效防止跑墒漏墒。

（3）精细播种，保证苗匀苗全。

（4）合理密植，保证适宜群体。

（5）利用水溶肥技术，有效提高肥料吸收利用率。

三、适宜种植区域

河北省黑龙港流域雨养旱作区或非充分灌溉区。

四、联系单位及联系地址

沧州市运河区九河西路，沧州市农林科学院

五、联系人及电话

联系人：阎旭东　18031793996　　　　徐玉鹏　13932763123

图 2 - 23　冬小麦"六步法"旱作种植技术田间长势

图 2 - 24　抗旱耐盐小麦品种

图 2 - 25　重施基肥

图 2 - 26　小行距 20cm

图 2 - 27　传统大行距 30cm

图 2 - 28　春季追施水溶尿素

图 2 - 29　不追肥

图 2 - 30　追施国光水溶肥

图 2 - 31　水溶肥追施机

冬小麦—夏玉米—棉花"两年三作"循环高效种植技术

一、技术概述

根据环渤海低平原区三大主要作物（冬小麦、夏玉米、棉花）的生长特点和当地的气候资源情况，结合中国科学院农业资源研究中心多年研究成果，提出了基于三大作物的"两年三作"（冬小麦—夏玉米—棉花）高效种植技术。该技术依据降水特点，旨在提高水分效益，水分经济利用效益，通过两年三作种植技术，可获得显著的经济效益与水分经济效益（图2-32）。

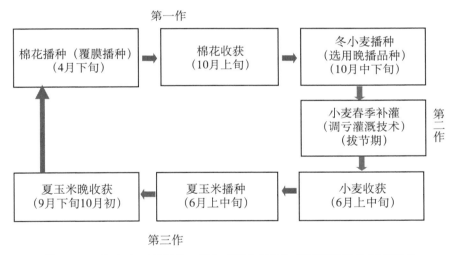

图2-32　冬小麦—夏玉米—棉花"两年三作"循环高效种植制度模式

二、技术要点

1. 冬小麦管理技术

10月中下旬棉花收获后，及时耕翻土壤，重施磷肥。小麦采用晚播不晚熟品种，如小偃81，播期在10月中下旬，播种量15kg/亩。播后根据土壤墒情，灌溉冻水。春季及时灌溉返青水和拔节水，促小麦生长。

2. 夏玉米管理技术

6 月上旬，小麦收获后，及时播种夏玉米，播种适宜期为 6 月 10—15 日。夏玉米品种选择中晚熟品种，如郑单 958、HN866、先玉 335 等。在土壤干旱时，利用坐水种种植技术播种夏玉米，保证夏玉米出苗，起到节水效果。夏玉米可适当晚收，收获期在 10 月中上旬。

3. 棉花覆膜播种技术

播期适宜播期 4 月 20—30 日，选用抗逆早熟棉花品种。播种时，采用地膜覆盖，起到保墒、增温效果。（图 2－33）

图 2－33　冬小麦—夏玉米—棉花"两年三作"循环高效种植田间效果图

三、适宜种植区域

适合河北低平原冬小麦、夏玉米和棉花混合种植区。

四、联系单位及联系地址

河北省石家庄市槐中路 286 号，中国科学院遗传发育所农业资源研究中心

五、联系人及电话

刘小京：0311－85871748　　　　孙宏勇：0311－85871762

干旱盐碱地区夏玉米深松播种—冬小麦免耕沟播一体化增产技术

一、技术概述

针对环渤海低平原土壤盐碱瘠薄、结构差、季节性干旱缺水，降水量分布不均和雨水利用率较低等严重影响农业发展的问题，综合考虑地区降水、风和光热等资源的分布特点，组装实施了高产节水品种、秸秆覆盖抑盐技术、夏玉米深松施肥播种—冬小麦免耕施肥沟播一体化增产技术。

二、技术要点

（1）前茬小麦收获后，夏玉米采用深松精量播种机深松土层达 26～28cm，播种行距 55cm，播深 5cm，施肥量 25kg 磷酸二胺/亩，播种量 33.75 kg/hm²。

（2）玉米出苗后适时间苗定苗，密度为 67 500 株/hm²；大喇叭口期抢墒追施尿素 20kg/亩，常规田间管理，机械收获。

（3）冬小麦采用免耕覆盖施肥旋播机沟播小麦，播幅宽度 200 cm，行间深松 3 行，深松深度 25～26cm，播种 4 行，施肥深度在种下、种侧 5cm；播种量 12.5kg/亩，播前施底肥二铵 20kg/hm²。

（4）返青后，小麦拔节期追施尿素 20kg/亩；常规田间管理，机械收获（图 2-34）。

图 2-34 夏玉米深松播种—冬小麦免耕沟播一体化增产技术

三、适宜种植区域

主要适宜于低平原淡水资源缺乏、冬季寒冷干旱的中轻度盐碱地区。

四、联系单位及联系地址

河北省石家庄市槐中路 286 号，中国科学院遗传发育所农业资源研究中心

五、联系人及电话

巨兆强：0311 – 85811816

干旱盐碱区油葵—油葵和油葵—荞麦一年两熟种植栽培技术

一、技术要点

1. 油葵品种选择标准

（1）矮秆、粗茎、抗倒。

（2）早熟、抗旱、抗盐碱、易管理。

（3）高产、高出油率、成本低。

根据中国科学院遗传与发育生物学研究所农业资源研究中心 2010—2012 年在沧州市南大港管理区试验表明，适宜干旱盐碱区种植的油葵品种是：超级矮大头 567DW、GC 矮大头 678、超级矮大头 NWS567、超级矮大头 DW667（图 2－35）。

图 2－35　油葵品种超级矮大头 567DW、GC 矮大头 678、超级矮大头 DW667

2. 施肥、整地

（1）土壤冻结前进行深耕翻、镇压。

（2）播前结合旋耕整地要均衡施肥。油葵施肥要全部作为底肥一次性施入，增施有机肥，撒施过磷酸钙 30kg/亩、硫酸钾 15kg/亩和尿素 20kg/亩或复合肥 30～50kg/亩；然后精细旋、耙、平地，旋耕深 12cm 左右。

3. 适期抢墒早播，播后立即覆膜

（1）播种日期：春季4月初（4月8—20日）有少量降水后及时抢墒播种。

（2）种子准备：播前对种子要进行发芽试验，发芽率达到90%以上的种子才可使用；

（3）宽窄行机播覆膜：采用大小垄种植，大行距为70cm，小行距为50cm，边播种边覆膜。播后覆膜，可提早出苗4~7d，出苗率可达到97%以上。

（4）播种深度：适宜浅播，一般3cm左右，但具体深度应视土壤墒情而适当调节，墒情差的情况下浅开沟拨去表土后再播种。

4. 田间管理

（1）适时放苗、晚间苗：

油葵出苗后待子叶变绿后再打孔放苗，并埋严孔眼。要晚间苗，待油葵长至4叶期再间苗、定苗，以保证全苗。

（2）合理密植：

油葵适宜的种植密度为4 000~4 500株/亩，株距26cm左右。地力肥厚的地块可适当增加密度，贫瘠地块适当降低密度。

（3）提早中耕培土，防止后期倒伏：

油葵进入圆棵期后，应该尽早在大行间中耕除草，结合培土，培土高度为10cm以上，可有效防止油葵成熟期倒伏。

（4）及时防治病虫害：

该地区油葵虫害主要为桃蛀螟和棉铃虫。桃蛀螟的二代幼虫与6月下旬至7月上旬为害春播油葵的花和种仁；棉铃虫2~3代幼虫也会为害油葵的花、嫩种仁及叶片。由于桃蛀螟和棉铃虫等螟虫的幼虫在三龄前食量比较小，三龄后食量大增，并且抗药性增强，所以，对虫害进行防治适合在三龄前或者油葵的开花期和灌浆期进行喷药防治，也可在早上人工敲打油葵花盘，用盆子接着落下的幼虫进行人工灭虫。

病害主要为油葵生长后期叶枯病，因为发病期为油葵的籽粒灌浆后期，对产量影响不大，一般不需喷药防治。

5. 适时早收

8月初（8月1—10日），当植株茎秆变黄，中上部叶片变淡黄色，花盘背面黄褐色，舌状花干枯时即可带秆收获。收获后立着凉晒5~7d，使籽粒充分成熟变硬，再用木棍敲打，脱粒，充分凉晒干后保存起来。也可采用调整后的小麦收割机完全机械化收获。

6. 下茬油葵或荞麦种植

秋季油葵或荞麦种植的适宜时间是 8 月 3—10 日，油葵种植管理方式与春季油葵相同；荞麦也采用机播，播种时一次性施入底肥（二铵 25kg/亩），适宜密度 4.5 万 ~5.0 万基本苗。

秋季油葵或荞麦收获时间大概在 11 月中下旬（图 2 - 36）。

图 2 - 36　油葵、荞麦田间种植图

二、适宜种植区域

主要适宜于滨海低平原干旱、淡水资源缺乏、降水季节性充足的中轻度盐碱地区。

三、联系单位及联系地址

河北省石家庄市槐中路 286 号，中国科学院遗传发育所农业资源研究中心

四、联系人及电话

谢志霞：0311 - 85811816

滨海盐碱地坑塘集雨利用高产优质水稻种植技术

一、技术概述

针对沧州盐碱地面积大，盐分含量高、地下水苦咸，影响作物正常生长的情况，采用坑塘集水种稻，充分利用自然降水资源，实现了盐碱地脱盐、水稻增产高效，是盐碱地改良的有效途径。

二、增产增效情况

2013—2014 年黄骅旧城金星种植合作社（狼洼村），利用盐碱地种植水稻，实现了水稻优质高产，产量分别达到亩产 515.0kg 和 530.06 kg，亩效益 3 000 元以上，盐碱地盐分大幅度下降，基本实现了土壤脱盐（图 2 – 37）。

图 2 – 37 滨海盐碱地坑塘集雨利用高产优质水稻种植技术

三、技术要点

1. 坑塘集雨

利用闲置坑塘，疏通沟渠集纳夏秋降水，用于盐碱地脱盐和水稻栽培浇灌。水稻种植面积依坑塘积水量而定，每亩稻田需水量大约 1 200m³。

2. 品种选用

选择高产、优质、抗病性好、生育期适宜的耐盐碱品种，可选用盐丰 47 等盐丰系列品种。经比重精选、晒种、拌种后用于育秧。

3. 软盘育秧

采用营养土大棚软盘育秧技术，利用无支架组合式大棚，按土和农家肥 3∶1 的比例配制营养土，每盘 4kg，每亩需 25 盘秧计算用量，每盘加入硫酸铵 2.5g，过磷酸钙 10g，硫酸钾 5g，根据情况加入壮秧剂。营养土装盘后喷水，每盘播种量 100 ~ 110g，覆土 0.3 ~ 0.5cm，，除草剂封闭，盖膜。育秧大棚温度 30℃左右，到 2 叶 1 心降至 22℃左右。

育成机插秧苗标准：叶龄 3.5 ~ 4 叶，株高 50cm，茎宽 3 ~ 4mm，成苗 1.7 ~ 2.5 株/cm²。

4. 精细整地

做好标准化稻田基本建设，达到田间渠系畅通，灌排自如，实现格田面积规范化，每格面 667 ~ 2 000m²，以提高洗盐、排盐、压盐效果。

整地实行旋耕翻耕结合。耕深度达到 15 ~ 18cm。要求田面平坦、上糊下松、无残茬、高低差小于 5cm。结合化学除草剂的施用，水耙地后沉实 3 ~ 5d 插秧。盐碱较重田块应增加泡田洗盐次数，以降低耕层土壤含盐量，促进秧苗生长。

5. 平衡施肥

采用平衡施肥技术，做到有机肥与无机肥配合使用，平衡施入无机氮、磷、钾及微肥。耕地前每亩施用腐熟的有机肥 1 500 ~ 2 000kg，磷酸二铵 20 ~ 25kg，过磷酸钙 10 ~ 15kg，硫酸钾 7kg，追好返青肥、分蘖肥、拔节肥，每亩每次追尿素 8 ~ 10kg。后期追好灌浆肥每亩追施尿素 2 ~ 2.5kg，或者用 0.2% 的磷酸二氢钾喷施叶面，做根外追肥。

6. 机械插秧

气温稳定在 14℃以上时，可以尽量地早插秧。

采用机械插秧，适宜密度一般稻田 30cm × 15cm，每穴栽植 4 ~ 5 株，亩基本苗 5 万 ~ 6 万株。插秧的时候，更要做到浅、匀、直、牢，一般插秧深度为 2 ~ 3cm。

7. 优化灌溉

用坑塘水浇灌，每次灌水 3 ~ 7cm，最迟于土壤水分含量达到田间持水量的 70% ~ 80% 时灌下一次水；达到预期收获穗数时开始晾田，控制无效分蘖；孕穗、抽穗、开花期保持水层 4～7cm；乳熟前后期采取浅、湿间歇灌溉，保持水层 5～10cm；收割前 7～10d 逐渐落干水层。

8. 防病治虫

根据病虫害发生情况，及时防治二化螟、稻飞虱、稻水象甲及稻瘟病、纹枯病等病虫害。

9. 适时收获

在水稻完熟期利用收割机适时收获。

四、适宜种植区域

滨海平原区有坑塘淡水水源保证的盐碱地区。

五、联系单位及联系地址

沧州市运河区九河西路，沧州市农林科学院

六、联系人及电话

阎旭东：13833984689   赵松山：13503179601

盐碱旱地微沟集雨节水增效技术

一、技术概述

针对环渤海盐碱旱地棉花生产存在的春季干旱返盐保苗难、夏季雨热同期易徒长、传统种植管理繁、用工多、工效低的问题，创新形成了以微沟覆膜集雨节水、抑盐保苗为核心，以株型调控、抑芽增铃、重施底肥、光合增效为重点，以农机农艺结合为保障的高产简化种植技术体系。通过该技术的实施，可节省田间管理 70%用工，亩产籽棉 250kg 以上。

二、技术要点

1. 播前准备

（1）整地：

11 月中下旬，待收花结束后利用还田机械直接将棉秆粉碎撒布地表，结合耕地翻入地下，亩施有机菌肥 1kg，加速秸秆分解。耕地深度 30cm 左右，冬季蓄纳雨雪，早春（返浆期）及时旋耙保墒；播前镇压提墒，浅耙下实上虚，利于微沟播种。

（2）施肥：

在结合深耕每亩施土杂肥 2～3m³ 或商品有机肥 200～300kg 的基础上，结合旋耙每亩施尿素 30kg、过磷酸钙 100kg。

（3）化学除草：

播种前，每亩用 48%氟乐灵乳油 100～120ml，加水 40～45kg，均匀喷洒于地表，然后通过耘地或耙耢混土。

（4）品种选择：

选择耐盐性较好的中早熟、生长势壮、叶枝发达、赘芽弱、适宜简化栽培的品种，如鲁棉 28、沧 198、邯 102。采用脱绒包衣种子，健子率≥80%，发芽率≥80%，发芽势强（图 2－38）。

（5）种子处理：

播种前选择晴好天气，晒种 3～4d，每天翻动 3～5 次；做发芽试验，根据发芽率确定播种量；包衣种子切勿浸种。

2. 播种

（1）播种时间：

根据土壤温度和墒情确定播种时间，适宜温度指标 20cm 地温稳定通过 14℃或 5cm 地温达到 15.5℃；常年适播期为 4 月 25 日至 5 月 5 日播种（图 2－39）。

图 2－38　棉花新品种沧棉 198

图 2－39　田间播种照片

（2）机械微沟覆膜直播：

利用 2 块长 30cm、宽 20cm 铁板焊制成夹角 90°～120°刮板，将刮板固定于拖拉机前部，播种前刮去表层土，做出 5～10cm 深微沟，沟宽视行距而定（图2－40）。

3. 田间管理

（1）放苗：

在棉苗出土后，要及时打孔放苗，并埋严孔眼。

（2）查苗、补苗、间苗、定苗：

棉苗出齐后，及时疏苗、间苗。3～4 片真叶时按规定株距定苗。春播棉多茎株型 3 500～4 500 株/亩，等行距 80～100cm 或大小行 50 cm ×（80～100）cm。

棉花子叶期查苗、补苗，发现缺苗立即进行芽苗移栽或催芽补种；长出真叶后可采用棉苗带土移栽，栽后浇水。

（3）中耕、除草：

雨后膜间露地要及时中耕除草，膜下生草要及时用土覆盖。棉花盛蕾期及时深中耕，促根下扎。

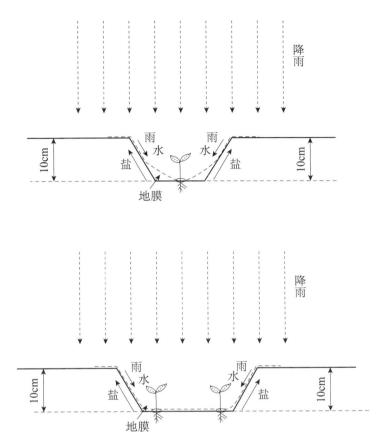

图 2 - 40　微沟覆膜集雨示意

（4）追肥：

底肥不足棉田，盛蕾至盛花期追肥，一般盛蕾期亩追施磷酸二铵 20 ~ 25kg，盛花期追肥以氮肥为主，一般亩追尿素 15 ~ 20kg。

（5）调控株型：

株型调控为多茎倒伞形。当叶枝长出 4 ~ 6 台果枝时（7 月 5—10 日），将叶枝顶尖一次打掉；当主茎果枝 12 ~ 14 台（7 月 15—20 日）打去主茎顶尖（图 2 - 41）。

（6）喷施抑芽增铃剂：

当棉株株高达到 80cm（时间约为 7 月下旬），叶面喷施抑芽增铃剂（宜选用"168 保铃专家"）。水肥充足，长势偏旺的棉田，8 月上旬再喷施一次。

图 2 – 41　棉花多茎倒伞形株型

（7）化控：

不喷施抑芽增铃剂的棉田，可采用化学调控措施。本着"少量多次"原则。如遇旱天，苗情长势差时不要化控；如遇雨水较多，苗情长势好或有旺长趋势，可进行化控。

蕾期每亩用缩节安 0.3～0.5g，初花期 0.5～1g，盛花结铃期 2～3g。阴雨天时适当增加用药量。

6 月 20 日至 7 月 20 日，喷施光合增效生物叶面肥 300 倍液，每 7～10d 喷一次，共喷 3 次，延长叶片功能期，提高光合效率，减少蕾铃脱落效果显著（图2 – 42）。

4. 虫害防治

（1）棉蓟马：

当棉花齐苗后，用内吸剂防治。

（2）蚜虫：

棉花卷叶株率达 10% 以上时，开始用内吸剂农药防治。如 10% 吡虫啉 1 500～2 500 倍液、或用 10% 蚜虫清 1 000 倍液喷雾。

（3）棉盲椿蟓：

从 6—8 月，当百株有虫 1～2 头或被害棉株达到 3% 时，及时防治。喷药时间应在阴天或晴天的上午 8 点以前，下午 5 点以后。喷药时，先喷棉田四周，逐步向中间喷洒，防止害虫飞出棉田继续为害。喷药方法：最好选用高压喷枪喷雾防治。

图 2 - 42　棉花田间喷药

（4）棉铃虫：

百株三龄以上幼虫 20 头以上时，可用内吸剂＋触杀剂进行防治。如久效磷 1 000 倍防治或菊酯类农药防治。注意 Bt 基因抗虫棉不可使用 Bt 农药。

5. 适时采收和催熟

棉花吐絮 3～5d 后，及时采摘。对成熟晚的棉田可在 9 月底或 10 月初喷施乙烯利 200g∕亩左右。

三、适宜种植区域

主要适宜于淡水资源缺乏的具有低温结冰条件的重盐碱地区。

四、联系单位及联系地址

河北省沧州市运河区九河西路，沧州市农林科学院

五、联系人及电话

刘永平：13931707929　　　平文超：15632768327

麦茬夏大豆免耕覆秸精量播种综合配套栽培技术

一、技术概述

夏大豆贴茬播种是沧州地区一种传统的播种形式，在麦收大忙季节能充分利用土壤墒情、抢收抢种，保证尽快出苗、出好苗，争取获得好收成。它可以充分利用麦收后余墒和较少的降水，解决了没有灌溉条件不能造墒播种和耕翻整地后耕层跑墒不能正常出苗的问题。该项技术在当地应用比较普遍、效果较好。在此基础上，在选用品种、免耕覆秸、肥料应用、栽培密度、杂草防除等

图 2-43　麦茬夏大豆免耕覆秸精量播种
综合配套栽培技术田间效果

方面进行了一系列配套技术集成试验示范，取得了比较好的成效（图 2-43）。

二、增产增效情况

2009—2013 年在沧县、盐山、河间 3 县市均开展了万亩大豆高产综合配套技术试验示范，其核心技术采用免耕覆秸精量播种综合栽培技术。2013—2014 年继续在河北省 5 个骨干示范县市推广该项技术。示范区大豆亩产均超过了 200kg 以上，最高亩产达到 230kg。比项目实施前 3 年平均增产 10% 以上，取得了明显的经济效益和示范效应。

三、技术要点

核心技术是贴茬免耕覆秸精量播种。主要技术要点如下。

（1）选用品种、抢时早播。选用早熟、丰产、抗病、抗倒、适应性强的大豆新品种。6 月上中旬冬小麦收获后，如果土壤墒情适宜，马上带茬播种，越早越好；如土壤墒情不足可造墒播种或等雨播种，但不耕翻整地，避免跑墒影响大

豆出苗（图2-44）。

（2）精量播种。选用免耕覆秸精量播种机。该播种机可一次性完成精量播种、侧深施肥、覆土镇压、除草剂喷洒、麦秸抛洒覆盖等项田间操作项目（图2-45）。

（3）施肥技术。测土配方一次性底施，随大豆播种时侧深一次性施入耕层。根据土壤肥力状况确定氮磷钾使用比例

图2-44　大豆新品种沧豆6号田间长势

图2-45　免耕覆秸精量播种

和施肥量。生育期间不再追肥，如需要的话，可以在喷施农药时加入叶面肥。

（4）播后苗前用除草剂封地面，如需要的话，在苗期至大豆封垄前进行第二次化学除草。另外，根据田间具体情况及时防治病虫害。

（5）适时、适宜时机采用联合收割机收获，尽量减少或避免大豆籽粒损伤（图2-46）。

图2-46　大豆田间收获

四、适宜种植区域

可在黄淮中北部麦区推广使用。

注意事项：把握播种时土壤墒情是很重要的环节。需要看天、看地、看品种（籽粒大小、出苗难易）综合考虑确定播种时间。

五、联系单位及联系地址

河北省沧州市运河区九河西路，沧州市农林科学院

六、技术依托单位

卢思慧：13833758075　　　　电子邮件：lusihui2004@163.com

谷子旱地高产栽培技术

一、技术概述

谷子是抗旱耐瘠作物，适应性强，在不同的土壤条件下均可获得较高的产量，是高产条件下的丰产高效作物，也是低产条件下稳产高效作物，还是环境友好作物。通过选用抗旱性强的谷子品种，以及与之配套的施肥、播种、免间苗、免除草、机械化收获等技术，达到旱地谷子高产高效的目的（图2-47）。

图2-47　谷子旱地栽培技术示范效果

二、增产增效情况

采用优质、高产、抗旱谷子品种，采用精量播种技术，达到不间苗或少量间苗的目的，配合除草剂封地措施，每亩节约间苗除草用工4~5个，节支200~250元，每亩增产谷子50kg左右，亩增收200元左右，去除增加的种子和药剂费用，每亩可节支增收400元以上。应用专用抗除草剂品种，采用化学间苗和除草技术，可解决谷子苗期苗荒草荒的问题，每亩增产谷子50kg左右，亩增收200元左右，每亩解决间苗除草用工4个，节支200元以上，去除增加的种子农药费用，每亩可节支增收300元以上。

三、技术要点

1. 品种选择

谷子的区域适应性比较强，这是因为谷子属于短日照喜温作物，对日照、温度反应敏感造成的。因此，选择适宜本区域的优良品种至关重要，是保证高产丰收的根本。适宜本区域的谷子品种有：沧谷 4 号、沧谷 5 号，冀谷 31、冀谷 19、豫谷 18 等高产、优质品种（图 2 - 48）。

2. 轮作倒茬

谷子籽粒小，芽弱，顶土能力差，种植谷子要选在土质疏松、地势平坦、土层较厚、有机质含量高的保水保肥能力强的地块上。播种前要精细整地，整好地。谷子不宜重茬和迎茬，谷子轮作倒茬一般 3—4 年。谷子前茬最好是豆类、绿肥，其次是小麦、玉米等作物。

图 2 - 48　夏谷新品种沧谷 5 号

3. 精细整地，施足底肥

精细整地是保墒、保证苗全苗壮的基础，整地前施足腐熟的农家肥，一般 1 000 ~ 5 000kg/亩，磷酸二铵 30 ~ 50kg/亩，均匀撒施后，立即旋耕、耙地、镇压，使土壤达到细、透、平、绒，上虚下实，无残株残茬即可播种。

4. 适时适量播种

（1）适时播种：在沧州地区及同类型区，春播在 5 月 10 日以后，夏播以 6 月 15—25 日为宜。谷种用 50% 多菌灵按种子重量的 5% 用量拌种，可防治黑穗病，用乙酰甲胺磷按种子量的 0.3% 用量拌种，闷种 4 小时，可防治线虫病和白发病。

（2）适量播种：普通的品种，根据土壤墒情和整地质量确定播种量，墒情好，整地精细，亩播量 0.3kg，墒情差，整地质量较差，亩播量 0.4 ~ 0.5kg。播深不超过 3cm，可根据土壤墒情掌握播种深度，墒情好宜浅、墒情差宜深。专用抗除草剂品种根据要求确定播量，以保证适宜的留苗密度，一般亩留苗 4 万 ~ 5

万株，最大密度不能超过6万株，否则容易倒伏，减产严重（图2-49）。

图2-49　精量播种

（3）播种方法和要求：常用的播种方法是耧播和机播，以机播的效果更好。要求撒籽均匀，不漏播，不断垄，深浅一致，播后要及时镇压。春旱严重、土壤墒情较差的地块可增加镇压的次数，以提高出苗率。

5. 播后管理

（1）对于不抗除草剂的普通谷子品种，在播种后出苗前可喷施"谷友"，每亩用量80~120g，加水50kg，用于防除双子叶杂草，抑制单子叶杂草。注意：土壤墒情好或播后有小雨，每亩用量80g，土壤墒情差，天气干旱，每亩用量100~120g，视情况而定，如果播后有大雨，就不能喷施，以免谷苗遭受药害，造成缺苗断垄。

（2）对于专用抗除草剂品种，除了在播种后出苗前可喷施"谷友"外，于谷苗3~5叶期茎叶喷施间苗剂，用于防治单子叶杂草和谷莠子，同时杀掉多余的谷苗，每亩用量80~100mL，加水30~50kg，若播量过大，出苗密度过大或杂草出土较早，可分2次使用间苗剂，第一次2~3叶期，喷施剂量50mL/亩，第二次6~8叶期，使用剂量70~80mL/亩。

（3）注意事项：在晴朗无风、12小时内无雨的条件下喷施，确保不使药剂飘散到其他谷田或其他作物。间苗剂兼有除草作用，垄内和垄背都要均匀喷施，不漏喷。若出苗密度合适或出苗稀时，千万不要再喷药间苗，以免造成缺苗。

（4）喷除草剂后管理：喷壮谷灵后7d左右，不抗除草剂的谷苗逐渐萎蔫死亡，若喷药后遇到阴雨天较多，谷苗萎蔫死亡时间稍长。10~15d查看谷苗，若个别地方谷苗仍然较多，可以再人工间掉少量的谷苗。

6. 田间管理

出苗后 25d 左右，谷田杂草很少，少量的新生杂草对谷苗不再形成为害，浅中耕松土进行谷子蹲苗促壮苗，除草保墒，同时促进气生根生长。拔节期结合追肥，进行深中耕并培土。每亩追碳铵 15 ~ 20kg 或尿素 15 ~ 20kg。达到保墒、促进根系发育，防止倒伏的效果（图 2 - 50）。

图 2 - 50　谷子田间长势

7. 及时防治病虫害

谷子苗期和拔节期容易受到地下害虫和钻心虫为害，抽穗后容易发生黏虫，及时防治，确保丰产丰收。

8. 及时收获

当谷穗变黄、籽粒变硬、谷子叶片发黄时即可收获。注意防治鸟害，收获过早籽粒不饱满含水量高，产量和品质下降；收获过迟，茎秆干枯，穗码干脆落粒损失严重。

四、适宜种植区域

沧州及同类型区均可应用。

五、联系单位及联系地址

河北省沧州市运河区九河西路，沧州市农林科学院

六、联系人及电话

田伯红：18931728799　　　　电子邮箱：tianbohong@126.com

土壤肥力快速培育增产技术

一、技术概述

环渤海低平原区土壤瘠薄、盐碱是制约该区域粮食产量提升的主要因素。结合中国科学院农业资源研究中心多年研究成果，提出了适宜于本区域的养分管理基本原则"控氮增磷补钾、有机无机相结合"。在有机养分管理方面，通过底肥增施有机肥、配合施用微生物菌肥和秸秆腐熟剂，加速还田秸秆快速腐解和有机养分的有效化速度，快速提高土壤有效养分含量，同时还可改善土壤结构，构建团聚化的蓄水保墒营养层，提高土壤持续供肥能力及其对盐害的缓冲能力。在无机养分管理方面，通过合理调控氮磷钾用量及其配比，协调土壤养分均衡供应以满足作物需肥规律，达到土壤养分供应与作物养分需求在数量上相匹配，在时间上相一致，在空间上相耦合，确保作物持续高产、稳产（图 2 - 51）。

二、技术要点

1. 冬小麦

（1）秸秆粉碎与菌剂 + 腐熟剂喷施：

玉米收获后，通过在秸秆上喷施施用微生物菌剂和秸秆腐熟剂，提高秸秆腐解速度，促进有机养分的快速释放，提高养分有效性。菌剂和腐解剂用量为每亩 2kg 加水喷施。

（2）底肥：

耕地前每亩施用腐熟鸡粪 100 ~ 150kg、纯氮 7 ~ 9kg、五氧化二磷 7 ~ 10kg、氧化钾 2 ~ 3kg，秸秆还田情况下，钾肥可不施用。肥料均匀撒施后尽快进行耕作，平整土地，避免肥料的挥发损失。化肥品种以缓控肥（或复合肥）与速效性氮肥（尿素）配合施用为宜，施用速效性氮肥避免秸秆早期腐解过程中微生物与作物争氮，造成作物生长早期出现土壤供氮不足。例如，施用复合肥（N-P$_2$O$_5$-K$_2$O：20 - 23 - 5）30 ~ 40kg/亩，尿素 5 ~ 10kg/亩。

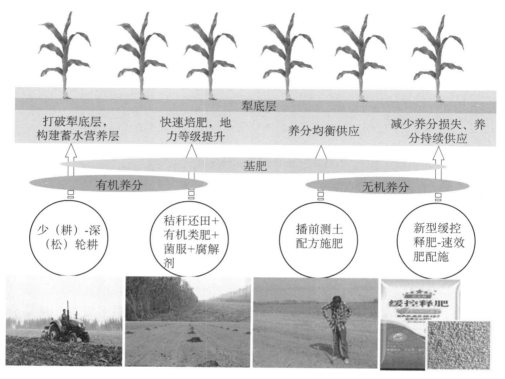

图 2 – 51　土壤肥力快速培育技术示意

（3）追肥：

在小麦拔节期进行追肥，追肥时施用速效性氮肥，肥料品种以尿素为宜，追肥量为每亩 7 ~ 9kg 纯氮，相当尿素 15 ~ 20kg/亩。

2. 夏玉米

（1）种肥：

小麦收获后玉米采用施肥播种一体化机具进行铁茬播种、施肥，保证肥料与种子间隔 5cm。肥料品种为复合型高钾肥料或玉米专用肥为宜，施肥量为纯氮 8 ~ 11kg/亩，五氧化二磷 3 ~ 5kg/亩，氧化钾 2 ~ 3kg/亩。例如，采用玉米专用控释肥（N-P_2O_5-K_2O：28 – 9 – 5 或 26 – 12 – 6）30 ~ 40kg/亩。

（2）追肥：

大喇叭口期进行追肥，追施纯氮 7 ~ 9kg/亩，折合尿素 15 ~ 20kg/亩，撒施后立即进行灌溉。

三、技术效果

通过本项技术模式的应用，可有效改良土壤结构，构建团聚化的蓄水营养层，提高土壤持续供肥能力，实现冬小麦夏玉米产量提升 10% ~ 15%，节肥 15% ~ 20%。

四、适宜种植区域

适宜于环渤海平原冬小麦、夏玉米轮作区；土壤类型—黄棕壤、棕壤、褐土、潮土、砂姜黑土、盐碱土等碱性土壤。

五、联系单位及联系地址

河北省石家庄市槐中路 286 号，中国科学院遗传发育所农业资源研究中心

六、联系人及电话

张玉铭：0311 – 85809143　　胡春胜：0311 – 85814360

土壤深耕（松）—少免耕轮耕技术

一、技术概述

环渤海低平原区自 20 世纪 90 年代以来长期进行秸秆还田和土壤旋耕和免耕耕作，长期沿用同一耕作措施已暴露出不少新问题，造成了表层土壤的秸秆覆盖层越来越厚，土壤养分表层富集、层化，下层养分贫化；长期旋耕造成犁底层变浅，亚表层土壤紧实，通透性变差，影响土壤养分供应和作物根系生长发育，对农业生产带来不利影响。依据中国科学院农业资源研究中心多年研究成果，提出了合理的轮耕技术，可实现冬小麦夏玉米一年两作种植模式下的土壤质量持续提升（图 2 - 52）。

图 2 - 52　土壤深耕（松）—少免耕技术机械及效果

二、技术要点

1. 土壤深耕（松）少免耕轮耕周期

对于长期小麦玉米秸秆还田和土壤旋耕和免耕的地块，每三年进行1次深耕或者深松。

2. 深耕

黑土、黏土和盐碱土适宜深耕。土壤重量含水量为10%～20%适合深耕，耕翻深度大于20cm。耕地质量做到深浅一致、开墒无生梗、翻垡碎土好、开墒要直、犁到头、耕到边、无重耕和漏耕、墒沟小、伏脊小、地面平整。使用铧式犁，常用的有：1L－330悬挂中型三铧犁，1LQ－425轻型悬挂四铧犁、液压翻转四铧犁和五铧犁等。建议长期秸秆还田和土壤旋耕的田块每三年深耕1次。

3. 深松

深松可分全面深松和局部深松。深松深度为25～30cm，土壤含水量为15%～22%适合深松。全面深松适合在小麦播种前秸秆处理后作业，选用倒V型全方位深松机具，作业质量做到不重松、不漏送和不拖堆，深松行距保持一致，深松铲柄上有挂草或杂物及时清除。冬小麦播种前深冬的地块，播种后及时镇压，合墒弥平裂沟。局部深松适用于宽行作物（玉米）间隔深松，深松的间距根据宽行作物的种植行距决定，最大值应≤70cm，深松时间应该是播前或者与播种同时进行，深松犁选择凿形铲或带翼型铲。在盐碱地土壤上不具备排水条件的玉米播前深松雨季容易造成涝害，具有排水条件的可以实施玉米播前深松。全面深松和局部深松都是每三年进行1次。

三、适宜种植区域

适宜于环渤海平原区，长期进行秸秆还田和土壤少免耕耕作的区域。

四、联系单位及联系地址

河北省石家庄市槐中路286号，中国科学院遗传发育所农业资源研究中心

五、联系人及电话

陈素英：0311－85871757　　　胡春胜：0311－85814360

第三篇　微咸水高效利用技术

冬小麦微咸水安全补灌技术

一、技术概述

根据环渤海低平原区冬小麦生长发育特点以及灌溉水资源条件，提出了冬小麦微咸水安全补灌技术。该技术依据冬小麦耐盐与需水规律，在作物生长的一定阶段，利用含盐量小于 4g/L 微咸水进行补充灌溉，可显著提高旱作和限水灌溉冬小麦的产量（图 3－1）。

二、技术要点

1. 播前土壤水分要求

整地前若 0～50cm 土层含水量小于田间持水量的 75% 时，需进行造墒。造墒宜用淡水，如果没有淡水，可选用低于 2.5g/L 的微咸水。

2. 整地

微咸水灌溉小麦要求土地平整，避免形成盐斑；上茬作物秸秆粉碎要尽可能细。采用旋耕播种，建议旋耕至少两遍，每 2—3 年应进行一次深耕或深松。耕后要耙耱整地，使土地细平、上虚下实。

3. 播种

适宜播期 10 月 5—15 日，选用抗逆早熟冬小麦品种，可推迟到 10 月 10 日后播种，为延长玉米生长期创造条件。播后镇压。

图 3 − 1　微咸水安全灌溉技术设备

4. 冬灌

冬小麦底墒充足年份，一般不需要冬灌。根据播种后到越冬前的降水条件，如果越冬时 0 ~ 50cm 土壤含水量大于田间持水量的 60% ~ 65%，可不进行冬灌；如果越冬时 0 ~ 50cm 土壤含水量小于田间持水量的 60% ~ 65%，在日平均气温稳定下降到 3℃ 左右时，进行冬灌。冬灌适宜用淡水，如果没有淡水，可选用低于 2.5g/L 的微咸水。冬灌后应及时锄划，松土保墒。

5. 春季灌溉

一般年份，春季微咸水灌溉小麦第一水在拔节期，结合追肥进行灌溉，所用微咸水含盐量以小于 4g/L 为宜。之后根据降水情况，在特别湿润年份至小麦收获可不浇水，一般降水年份需要在抽穗扬花期浇第二水，特别干旱年份在扬花后 10 ~ 15d 补浇第三水。咸水灌溉的灌水量比淡水可稍微高一些，以不小于 50m³/亩为宜。第二次灌溉可用淡水，无淡水灌溉条件时，春季拔节期浇一次微咸水。

三、适宜种植区域

适合河北低平原有浅层微咸水的冬小麦种植区，土壤类型为壤土、砂壤土、轻壤土。

四、联系单位及联系地址

河北省石家庄市槐中路286号，中国科学院遗传发育所农业资源研究中心

五、联系人及电话

张喜英：0311－85871762   孙宏勇：0311－85814362

重度盐碱地咸水结冰灌溉改良和配套作物种植技术

一、技术概述

淡水资源匮乏是制约滨海盐碱地改良的主要因素。依据咸水结冰冻融咸淡水分离原理，结合春季土壤降水少、返盐重，影响作物播种、出苗、生长的问题，冬季通过抽提地下咸水或排水沟中的咸水灌溉盐碱地，由于低温作用，灌水冻结形成咸水冰层，春季咸水冰融化时，先融化的咸水先入渗，之后融化的微咸水和淡水起到入渗洗盐的作用，然后结合地膜覆盖抑盐，使土壤盐分降低并保证适宜的土壤水分，保证作物的播种出苗（图3-2）。

图3-2　咸水结冰灌溉改良田间效果及配套棉花种植

二、技术要点

1. 土地整理

入冬前，在春季地下水位小于1.5m的滨海盐碱地，修建条田。条田宽20m，长度500m，沟深1.5m，上口宽3m，底宽1m，上口宽3m；在春季地下水位小于1m的滨海盐碱地，修建台田，台田宽10～15m，台田面距地下水1.5m。在条田或台田四周修建高度为30cm的埂，以便蓄水。为保证排水效果，在条田、台田上每隔10m埋设直径10cm的芦苇把或塑料盲管，埋深40cm，排水芦苇把或塑料盲管长度较条田或台田宽度长1m，埋设后两端露于排水沟内。

条田或台田整好后，对其土壤进行翻耕，并施入过磷酸钙（有效含量12%）100kg/亩或磷石膏500kg/亩（图3-3）。

图3-3　土地整理效果

2. 冬季咸水结冰灌溉

在1月上中旬，当日均气温稳定-5℃以下时，利用潜水泵（功率3~5千瓦）配备电线缆（国标Φ2.5 mm²和分控器）抽提明沟或地下咸水，配套3吋或4吋的塑料水龙带（小白龙）直接灌入提前修好埂的小畦内。灌溉水含盐量控制在15g/L以下（沧州滨海盐碱地区明沟内水的含盐量一般在8g/L左右），灌水量180mm（120方/亩）。为保证灌溉后稳定结冰，可先用小水灌溉结冰，待地表形成稳定冰层后，再大水一次灌足，灌水后稳定形成咸水冰层（图3-4）。

图3-4　冬季咸水结冰灌溉

3. 春季融冰后地膜覆盖

3月初，温度逐渐升高，待咸水冰完全融化入渗土壤后，及时利用地膜或秸秆进行覆盖，以抑制春季的强烈蒸发返盐。覆地膜宽度90~120cm较为适合。

4. 配套作物种植

4月底5月初（4月25日至5月10日），人工或机械揭膜后，播前结合旋耙每亩施尿素30kg、过磷酸钙100kg，镇压平整土地，然后进行相应配套的作物（棉花、油葵、芦笋、甜菜、甜高粱、菊芋等）播种（图3-5）。

其他田间管理同常规管理。

图 3 - 5 春季融冰后地膜覆盖技术

三、适宜种植区域

主要适宜于淡水资源缺乏且具有低温结冰条件的重盐碱地区。

四、联系单位及联系地址

河北省石家庄市槐中路 286 号，中国科学院遗传发育所农业资源研究中心

五、联系人及电话

刘小京：0311 - 85871742

第四篇　盐碱地改良技术

暗管排盐盐碱地开发利用技术

一、技术概述

河北低平原区土壤盐渍化严重，地下水埋深浅，春季降水少土壤返盐严重，夏季降水集中容易形成内涝，秋季干旱少雨易形成秋旱。当前该区域普遍利用台田模式，由于毛沟淤积等现象，盐碱地改良效果一直不理想。通过人为技术改造使中重度盐碱地能够被利用，增加可利用土壤资源，进而促进农业发展、保障区域粮食增产，已成为一项重大战略措施。结合中国科学院农业资源研究中心多年研究成果，提出了针对该区气候、土壤等自然情况的暗管排盐技术，实现在中重度盐碱区土壤含盐量控制在0.3%以下，且增加土地面积16%（图4-1）。

二、技术要点

将带孔隙暗管埋设于特定土层中，利用降水或淡水灌溉将土壤中的可溶性盐溶解，通过暗管排出土体，达到盐分淋排效果，同时通过控制地下水埋深，起到阻断盐分上移作用。河北滨海低平原区，地下水埋深浅，春季土壤消融易出现土壤持久返浆，加之春季风大蒸发强烈，导致春季返盐高峰，致使春季作物受害；而夏季降水集中且单次降水量大，超过70mm的降水每年都在3次以上，极易形成内涝。暗管埋设后可通过排水防治涝害，排水的同时将土体中的盐分一并排出，达到良好的洗盐效果，从而改善土壤水盐状况，改善作物生长环境。

暗管埋设的技术标准，参见由中国科学院农业资源中心制定的河北省地方标准《滨海区暗管排水排盐技术规程》DB13/T 1692—2012。

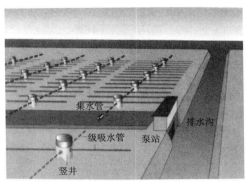

图 4 - 1 暗管排盐盐碱地改良技术

暗管排盐技术的主要使用是在春季和夏季。具体实施方法如下。

春季土壤溶冻后，实施暗管排水作业。其技术要点是将地下水埋深降至1.0m 以下，停止排水。待地下水埋深上升至 60cm 时，进行第二次排水。在 2 月底至 4 月初这一段时间内将地下水埋深控制在 0.6 ~ 1.0m。从而减少土壤盐分上移，但也最大程度地防止排水带来的过分春旱。

夏季在初次降水达到土壤饱和并地表有明水时，泡地 8 小时后进行暗管排水作业，将地下水位控制在 1.0m 以下，以期在第一次强降水是将土壤盐分最大程度地降低。后期排水排盐依据降水强度和土壤水分状况决定，理论上应及时排涝，将地表明水在 24 小时内排净。待到 8 月后期降水频次减少时，应减少排水次数和排水量，将地下水埋深控制在 40 ~ 60cm，以保证小麦顺利播种。

三、适宜种植区域

适宜于环渤海平原区中重度盐碱土区。

四、联系单位及联系地址

河北省石家庄市槐中路 286 号，中国科学院遗传发育所农业资源研究中心

五、联系人及电话

刘金铜：0311 – 85871762

滨海盐碱地改良增产技术

一、技术概述

滨海盐碱地改良增产技术通过选用抗旱耐瘠薄且综合表现较好的作物品种，是旱碱区粮食增产的关键；通过挖排水沟，建立完善的排灌系统，充分利用雨季降水通过深沟淋盐碱，降低地下水位，可有效地降低土壤耕层盐分含量，控制盐分上升；通过深松整地，可以减少土壤内水分蒸发，减缓盐分向地表转移，降盐蓄墒；通过测土配方施肥、适期施肥、适量施肥、合理追肥等措施以达到合理施肥，提高化肥使用效率；秸秆覆盖不影响降水在土壤中的均匀下渗，并可有效减少地表蒸腾，充分抑制了盐碱上升，起垄覆膜可提高地温，集雨蓄水，规避盐碱，采用起垄种植方式有利于将盐分聚集到垄上部，相应的降低了垄底部的盐分浓度，有利于作物的生长；通过化学改良剂与土壤中各中盐离子的相互作用进而改变土壤结构，以达到改良盐碱地的目的。通过滨海盐碱地改良增产技术的应用可有效改良盐碱地，既可改良生态环境，又能提高粮食产量。

二、技术要点

1. 挖沟排水，淋盐压碱

开挖排水沟，建立完善的排灌系统，使旱能灌，涝能排。排水沟一般布置在地面较低部分，或利用天然沟道，以便承泄更多的地面水和地下水。根据土地规模，一般布置 2~3 级固定排水明沟，即主沟、支沟和毛沟（图 4-2、图 4-3）。各级排水明沟宜相互垂直布置，排水线路宜短而直。主排水沟要深 2m 以上，支沟深 1.5m 以上，毛沟深 1.2m 以上。通过完善的毛斗渠水利设施，充分利用雨季降水通过深沟淋盐碱，降低地下水位，可有效地降低土壤耕层盐分含量，控制盐分上升。

图 4 - 2　挖排水沟

图 4 - 3　主沟、支沟、毛沟

2. 深松整地，降盐蓄墒

对土地进行保护性耕作，通过少耕、免耕、深松耕、秸秆还田等措施，使地表始终有覆盖物，可以减少土壤内水分蒸发，减缓盐分向地表转移。作物根系腐烂后，不仅可以使土壤有机质增加，而且，能加速土壤熟化，对提高地力具有重要的作用（图4-4）。主要措施：

图 4 - 4　深松整地技术

（1）蓄住降水。围埝平整土地，减少地面径流，充分利用雨季降水。

（2）深松耕蓄水降盐。深耕深松可打破犁底层，加速淋盐，防止返盐，增强保墒抗旱能力，改良土壤的养分状况。一般每2—3年深松、耕1次，耕深25cm，秋季作业为好。

3. 因地制宜，科学选种

选用抗旱耐瘠薄且综合表现较好的作物品种是旱碱区粮食增产的关键，滨海旱碱区耐盐作物主要有，小麦冀麦32、沧麦6001、6003、6005，小偃系列；玉米主要有，郑单958、吉祥一号、良星4号、先玉335等品种。

4. 测土配施，多肥并施

通过测土配方施肥、适期施肥、适量施肥、合理追肥等措施以达到合理施肥，提高化肥使用效率。主要措施：

（1）扩大套种、复种短期绿肥和豆科作物，推行粮—肥型种植模式，稳步提高绿肥种植面积。

（2）增施商品有机肥，培肥地力。有机肥料利于团粒结构的形成，可改良盐碱土的通气、透水和养料状况，分解后产生的有机酸能中和土壤的碱性，可大大减轻盐碱为害。一般亩施农家肥 4～6m³，同时增施过磷酸钙 100kg，撒施后深耕耙平。

（3）秸秆还田，改土蓄墒，镇压保墒。旱地连续用切碎玉米秸直接还田，可提高土壤有机质，降低土壤容重，降盐增墒，土壤改良效果显著。作业要求秸秆粉碎长度小于 10cm，铺散均匀，留茬高度小于 15cm。还田后及时旋耕，耕深不小于 15cm，然后及时适墒镇压。

5. 秸秆覆盖，起垄覆膜

秸秆覆盖具有保水、保肥、改善土壤理化性质，提高土壤肥力，抑制杂草生长的作用。秸秆覆盖不影响降水在土壤中的均匀下渗，并可有效减少地表蒸腾，充分抑制了盐碱上升。起垄覆膜可提高地温，集雨蓄水，规避盐碱，采用起垄种植方式有利于将盐分聚集到垄上部，相应地降低了垄底部的盐分浓度，有利于作物的生长（图 4-5）。

图 4-5　起垄覆膜侧播技术

6. 改善土壤结构，化学抑盐

通过化学改良剂与土壤中各种盐离子的相互作用进而改变土壤结构，以达到改良盐碱地的目的。化学改良剂有两方面作用：一是改善土壤结构，加速洗盐排碱过程；二是改变可溶性盐基成分，增加盐基代换容量，调节土壤酸碱度。目前较常见的土壤改良剂有硫酸铝、粉煤灰、磷石膏、沸石、泥炭、风化煤、糠醛渣等。

三、适宜种植区域

适宜于环渤海低平原区。

四、联系单位及联系地址

黄骅市农业局

五、联系人及电话

杨树昌：13011997968 　　　潘宝军：13482915939

刘　云：15933177607 　　　丁　强：18633677097

第五篇 其他技术

草（苜蓿）粮（春玉米）轮作减肥丰产增效技术

一、技术要点

经河北省农林科学院农业资源环境研究所多年研究，形成适宜该地区的草（苜蓿）粮（玉米）轮作丰产种植技术（图5-1至图5-4）。

图5-1 老苜蓿地春翻整地

图5-2 不同轮作播种时间

图5-3 轮作与未轮作田对比

图5-4 轮作玉米田与未轮作苜蓿田

1. 苜蓿—春玉米轮作模式

在苜蓿种植 5～6 年后翻压种植春玉米 2 年，然后再种植苜蓿，5～6 年后翻压再种植春玉米 2 年。按照该程序进行苜蓿与春玉米的轮种。

该模式下，除养分管理技术不同于本地区常规春玉米生产外，其他技术措施基本一致。

2. 苜蓿翻压技术

翻压时间：与春玉米轮作时，一般选择在第一茬苜蓿刈割完后（现蕾期、5 月 1—10 日）或第四茬苜蓿刈割完后进行苜蓿翻压。

翻压技术：地上部先行刈割，苜蓿留茬 10～15cm，然后利用翻耕机将苜蓿地深翻，翻耕深度 30cm 以上。翻耕时可采取先翻耕后灌水（每亩 30～50m³），再施入适量石灰（亩 4～5kg）。旱地翻耕要注意保墒、深埋、严埋，使苜蓿残体全部被土覆盖紧实。

3. 春玉米播种与养分管理技术

播种：第一茬苜蓿刈割完后，当年及时整地播种玉米；第四茬苜蓿刈割完后，进行深翻整地，第二年春天（5 月 20 日前后）播种玉米。

底肥：磷酸二铵 15～20kg/亩，硫酸钾 5～7kg/亩，硫酸锌 1～1.5kg/亩；或玉米专用肥 25～35kg/亩。

追肥：轮作第一年玉米不追施肥料、轮作第二年玉米大喇叭口期亩施尿素 5～7kg（较常规春玉米种植减施 50% 左右），即可得到等于或高于常规春玉米种植方式的玉米单产。

4. 再生苜蓿的处理

一般在苜蓿再生苗的苗期喷施 75% 二氯吡啶酸可溶性粉剂 1 500～2 500 倍液，同时结合播种整地进行深翻耕。

二、适宜种植区域

河北省的冀东平原、冀中平原、冀西北间山盆地，北京市平原县区，天津市等春玉米生产区。

三、联系单位及联系地址

河北省石家庄市谈固南大街 45 号，河北省农林科学院农业资源环境研究所

四、联系人及电话

刘忠宽：0311 - 87652142 （O）　　　或 13780218715

盐碱旱地紫花苜蓿人工草地建植与利用技术

一、技术要点

经河北省农林科学院农业资源环境研究所多年研究，形成适宜该地区的紫花苜蓿种植技术（图 5-5、图 5-6）。

图 5-5　盐碱旱地紫花苜蓿建植
与合理利用技术示范田

图 5-6　盐碱旱地苜蓿生产对照田

1. 播种方式

盐碱旱地以条播方式为主，不适宜撒播，条播行距 25~30cm。

2. 播种量

盐碱旱地苜蓿净子播种量为 1.5~2.0kg/亩，盐碱度高的适当加大播种量。

3. 播后、播前镇压

盐碱旱地墒情一般较差，土壤整地后悬松，一般在播前和播后各进行一次镇压，以利于播种和出苗。

4. 播种深度

盐碱旱地苜蓿播种采取深开沟、浅覆土的方式，开沟深度 3~5cm，覆土厚度 1.5~2cm。

5. 底肥

在耕翻灭茬前每亩施优质腐熟农家肥 2 000 ~ 3 000kg，磷肥（P₂O₅）9.6 ~ 14.4kg（折合过磷酸钙 80 ~ 120kg），氮肥（N）4.6 ~ 11.5kg（折合尿素 10 ~ 25kg）；或亩施磷酸二铵 45 ~ 55kg。

6. 追肥

适时追肥，一般以磷肥为主，每亩追施磷酸二铵或苜蓿专用肥 10 ~ 15kg。

7. 排水

盐碱地雨季容易积水，注意及时排水防涝。

8. 中耕、除草、治虫三位一体技术

利用拖拉机带铁齿耙（1.5m 宽、13 ~ 15 个耙齿）实施 2 年以上苜蓿地耙地、中耕除草，同时结合追肥、打药，达到追肥、治虫、除草、复壮一体化的草地管理效果（图 5 - 7）。

9. 刈割

盐碱旱地苜蓿根系生长慢、根系系统不甚发达。1 ~ 2 年苜蓿地每年至少有一茬要推迟到初花期刈割，以利于养根；其他情况下一般以现蕾至见花期刈割为佳；每年最后一茬刈割在冬前停止生长前 30d 以上进行；刈割留茬高度以 3 ~ 5cm 为好，最后一茬留茬高度 8 ~ 10cm（图 5 - 8）。

图 5 - 7　中耕、除草、治虫三位
一体技术田间作业

图 5 - 8　低损耗机械化适期刈割

二、适宜种植区域

适宜河北省滨海盐碱地区，同时可供天津、山东等类似地区参考。

三、联系单位及联系地址

河北省石家庄市谈固南大街 45 号，河北省农林科学院农业资源环境研究所

四、联系人及电话

刘忠宽：0311 – 87652142 （O）　　　或 13780218715

旱碱薄地枣粮多作立体高效栽培技术研究

一、技术概述

冀东南渤海西部旱碱薄地土地资源丰富,但常规技术种植粮食、果树产量低下。本项目拟在旱碱薄地上,以枣粮多作优化栽培方式,通过选择相应的物种资源,采用良种良法有机结合的方法,有效地改良生态环境,预期实现一地多作三收,相互促进,实现立体高效的栽培效果。

二、增产增效情况

油菜抑草、肥田作用力极强,前茬耕作,及时翻压能够起到培肥地力、蓄水保墒的作用。枣树二年结果,三年丰产,折合年亩产鲜枣 2 000kg 以上;小麦年亩产200kg 以上,夏谷亩产350kg 以上。所有作物产品质量极上,枣、麦、谷年内三收立体高效。

在枣未进入盛果期之前,亩纯经济效益可达5 000 元以上,较常规种植提高经济效益 3 000 ~ 4 000 元;枣树进入盛果期(三年)后,亩纯经济效益可达8 000元以上,较常规技术提高经济效益 7 000 元。

三、技术要点

在同一块土地上,以枣、菜、麦、谷间作方式,种植 4 种作物。早春整地,施入基肥,以宽行密株柱形种植枣树,而后在枣树行间播种萝卜型油菜,秋夏季将油菜翻入地中,使其起到抑草、深萱、肥田的作用,再在枣树行间间作冬小麦,翌年小麦收获后,在枣树下行内继续播种油菜,行间播种夏谷,实现油菜、鲜枣、小麦、谷子四种三收效果,谓之枣粮四作三收立体高效栽培。

以上 4 种作物,分别选择适地品种,枣树选择自行选育的鲜食枣(新品系),油菜选择一种适合在旱碱薄地上生长的萝卜型油菜新品种,谷子选择沧谷 5 号(新品种)、小麦(节水高抗型新品种—沧麦6005)。

作物特点：

（1）鲜食枣新品系（自选优系）—F2 新冬枣、新马 3 号、早脆 1 号等，主要特点：果大整齐，单果重 16～30g，含糖量 39% 以上，肉质细腻酥脆，品质极上。

（2）萝卜型油菜，属于自选新型绿肥作物。其抗寒性、抑草性特强，生长迅速，肉质根垂直生长可深入地下 80～100cm，营养丰富生物产量极高。翻压后肥田作用强。

（3）小麦（沧麦 6005），具有优质高抗特点。

（4）夏谷（沧谷 5 号），具有高产、优质抗倒伏的特点。

技术特点：

（1）作物品种优良：枣、菜、麦、谷均为适合于旱碱薄地生长的优良品种。

（2）集成方式新颖：四种作物有机结合，相互促进，一地多作三收。

（3）茬季立体交错

枣树株行距 1.2m×（10～20）m，为永久性植株。小麦条播，行距 15cm，四行一带，带距 40cm，谷子行距 30cm，

第一年，枣树下黑色地膜覆盖，枣树行间撒播油菜。

第二年，枣树下撒播油菜，行间油菜于初夏（初花期）适时翻压。秋播小麦翌年夏收，谷子夏季播种秋季收获。

第三年后，枣树下油菜连年播种初夏翻压，枣树间秋播小麦连播夏谷，往复循环，4 种作物，年内交错生长互不影响，一地多收。

（4）方法先进合理：

① 枣树：实行宽行密株种植方式，采取重截干柱状整形，有利于间作又利于优质丰产，适于机械化作业，省力、省工效益突出。

② 枣、菜在同一空间内，相互促进，良性循环，连年结果。

③ 麦、谷在树冠垂直投影外交替生长，互不影响。

④ 油菜：在未种小麦和谷子之前，树下和行间遍地撒播，待枣树坐果和需要播种小麦之时适时翻压，保证起到抑草、深萱、肥田的作用（图 5－9）。

四、适宜种植区域

渤海西部旱碱薄地种植区。

图 5-9 枣油菜间作效果

五、联系单位及联系地址

河北省沧州市运河区九河西路，沧州市农林科学院

六、联系人及电话

王继贵：13513278165　　　　　18931799768

玉米苗期害虫综合防治技术

一、技术概述

玉米苗期害虫综合防治技术

玉米苗期害虫是为害玉米生长的重要害虫，特别是近年来以地老虎、金针虫、蛴螬、二点委夜蛾及黏虫为主的玉米苗期害虫对玉米生产造成了严重的为害，本技术利用生物制剂、高效缓释药剂及高效低毒化学药剂，采取拌种、土壤处理及地面喷施等方法能够有效控制玉米苗期害虫（图 5 - 10 至图 5 - 13）。

图 5 - 10　田间受害的玉米苗　　图 5 - 11　地老虎为害玉米　　图 5 - 12　使用种衣剂后
地老虎死亡

图 5 - 13　玉米种衣剂防治试验得到了国内外专家的认可

二、增产增效情况

利用玉米苗期害虫综合防治技术能够达到害虫防效 70% ~ 80%，实现玉米增产10%～15%。

三、技术要点

1. 农业防治

深耕翻犁消灭虫源滋生地,合理轮作倒茬。不施未经腐熟的有机肥料,同时化学肥料要深施,既提高肥效,又能对地下害虫起到一定的熏蒸杀灭作用。结合耕地、播种和收获时拣拾成虫与幼虫,并集中消灭。

2. 化学防治

种子处理,利用本技术的玉米专用拌种剂拌种,可保持玉米苗期不受病虫害侵扰。

3. 生物防治

田间使用僵菌、BT 制剂及昆虫病原线虫结合浇水对地下害虫的防效可达70%。

4. 性诱剂防治

使用对花生优势种暗黑蛴螬成虫的性引诱剂,在金龟子发生高峰期,1 小时内可引诱到七八百只雄暗黑鳃金龟,连续使用,可使金龟子种群数量大幅下降。

5. 物理防治

蝼蛄、多种金龟甲、沟叩头甲雄虫等具有较强的趋光性,利用黑光灯进行诱杀,效果显著。试验表明,黑绿单管双光灯（一半绿光、一半黑光）诱杀效果更为理想。

四、适宜种植区域

整个沧州市地区。

五、联系单位及联系电话

河北省沧州市运河区九河西路,沧州市农林科学院

六、联系人及电话

王庆雷：13785782718

作物突发性病虫害的预警及治理技术

一、技术概述

由于气候及农田种植结构的变化造成了作物农田的微气候产生了显著变化，对农田的病虫害的发生产生了重大影响，棉田的绿盲椿象及枯黄萎病、小麦的吸浆虫及蚜虫、玉米的二点委夜蛾及褐足宽背叶甲、花生的蛴螬及叶斑病、大豆的食心虫及蜻象等病虫害的爆发都对作物生产造成了重大的影响，直接危害了粮食安全。本技术利用物理及化学技术能够实现对重大病虫害的预报预警，利用生物防治、物理措施、农田治理、化学防治等一系列的措施能够实行对作物突发性病虫害的预警及治理（图5-14至图5-19）。

图5-14　金龟子为害小麦

图5-15　诱光灯观测害虫

图5-16　性诱剂观测害虫

图5-17　10-粘虫胶防治害虫

图 5 – 18 白僵菌防治害虫

图 5 – 19 12 – BT 制剂防治害虫

二、增产增效情况

利用作物突发性病虫害的预警及治理技术能够达到病虫害防效 70% ~75% ，作物增产 5% ~10% 。

三、技术要点

1. 预测预警

利用多频灯对不同种类的害虫进行预测。

利用不同害虫的专用性诱剂对害虫进行测报。

利用专用昆虫食物诱集，对害虫的发生进行预报。

根据调查作物田间为害程度预测害虫的发生情况。

根据分离病原菌情况预报病害的发生情况。

2. 治理技术

（1）农业防治：

深耕翻犁消灭虫源滋生地，合理轮作倒茬。合理施肥。种植选用抗耐病虫品种，抗病虫品种是抵抗病虫害的最有效手段之一。

（2）种子处理：

利用种衣剂技术可有效提高作物对病虫害的抵抗能力。

（3）生物防治：

田间使用拮抗菌、僵菌、BT 制剂及昆虫病原线虫、天地昆虫等防治病虫害。

利用害虫性诱剂可有效捕杀害虫。

（4）物理防治：

很多鳞翅目及鞘翅目害虫具有较强的趋光性，利用黑光灯进行诱杀，效果显著。试验表明，黑绿单管双光灯（一半绿光、一半黑光）诱杀效果更为理想。

（5）化学防治：

利用高效低毒、低残留的化学药剂可及时快速杀灭害虫。

四、适宜种植区域

整个沧州市地区。

五、联系单位及联系地址

河北省沧州市运河区九河西路，沧州市农林科学院

六、联系人及电话

王庆雷：13785782718

小麦病虫害专业化统防统治技术

一、技术概述

农作物病虫害统防统治是近年来兴起的一种农作物植保方式，是由传统分散方式转变为规模化、集约化防治即是统一预测预报、统一组织行动，统一防治时间、统一技术指导、统一配方用药、统一防治效果。

河北省小麦病虫草害多达几十种，并且呈现多发、频发、重发态势。专业化统防统治可以及时有效控制和除治病虫害，特别是最近两年飞速发展的无人机技术防治效率高，防控效果好，省工、省时、省力、省钱，非常受种粮大户、家庭农场、农业专业合作社等新型农业经营主体的欢迎，市场前景非常广阔。2015年渤海粮仓科技示范工程泊头项目区引进了广西壮族自治区（简称广西）田园公司无人机飞防技术对万亩示范方小麦进行了"一喷三防"，平均每亩成本25元，用时2分钟，防治效果非常好。

二、技术要点

根据河北省小麦病虫害发生特点，针对防治对小麦统防统治技术主要在四个不同生育期实施。

1. 小麦播种期药剂拌种或包衣防治地下害虫和土传病害（9月25日至10月20日）

为害小麦的地下害虫主要是蝼蛄、金针虫、蛴螬3种，为害盛期集中在小麦秋苗期和返青至灌浆期，药剂拌种或使用包衣剂是最经济最有效的措施之一。常用药剂拌种方法：

（1）用50%辛硫磷乳油100ml加水1kg拌麦种50kg，堆闷2~3h后播种。

（2）用48%毒死蜱乳油10ml加水1kg拌麦种10kg，堆闷3~5h后播种。

土传病害如全蚀病、根腐病、纹枯病等真菌类病害，使用种衣剂包衣或药剂拌种也是最有效的预防措施。对于全蚀病、黑穗病等病害发生较重的麦田添加杀菌剂拌种。防治全蚀病亩用12.5%全蚀净30~40ml加水1kg，拌种15~20kg，闷种 6h 后播种；防治小麦黑穗病、根腐病、纹枯病、白粉病等病害用 2.4% 苯醚甲环唑 + 2.4% 咯菌腈 20ml，拌麦种 20~25kg，堆闷 3h 后播种。如果杀菌剂和杀虫剂同时拌种，要先拌杀虫剂闷种晾干后再拌杀菌剂。

2. 秋苗期杂草秋治与防治病虫害（10 月 25 日至 11 月 15 日）

此阶段主要是麦田冬前除草和防治地下害虫及病害。河北省麦田杂草主要有麦蒿、打碗花、荠菜、麦瓶草、麦家公、田旋花、小蓟、节节麦、雀麦等。多数杂草以秋季用药除治效果最好。用药时间和方法：

（1）以看麦娘、麦蒿、荠菜等阔叶杂草为主的麦田，每亩用 10% 苯磺隆 50g 加水 30kg，在小麦越冬前 3~5 叶期，阔叶杂草 2~4 叶期，一般在 11 月上旬，选择晴天在田间均匀喷雾。气温低于 10℃ 时不能用药。

（2）以节节麦、雀麦等禾本科杂草为主的麦田，小麦越冬前杂草出齐后即小麦 3~5 叶期、杂草 2~4 叶期，每亩用 3% 世玛（甲基二磺隆 + 安全剂）油悬浮剂 25~30ml 或者每亩用 3.6% 甲基碘磺隆钠盐·甲基二磺隆水分散粒剂 25~30g 加水 30kg，混合均匀进行喷雾。注意事项：世玛在气温低于 4℃ 时不能用药，用药前后 2d 不能大水漫灌。

秋苗期是小麦地下害虫为害高峰期也是小麦病害感染期，当麦田死苗率 3% 时，可以结合除草添加杀虫剂，如毒死蜱和杀菌剂苯醚甲环唑等药剂一并喷雾防治。

3. 小麦返青期至抽穗期防治病害和虫害（3 月 10 日至 4 月 30 日）

此阶段主要防治小麦纹枯病、根腐病、全蚀病、红蜘蛛、蚜虫、吸浆虫等病虫害，目的是杀虫、防病、促分蘖、促生长。常使用药剂：阿维菌素、苯醚甲环唑、联苯菊酯、高效氯氰菊酯、吡虫啉等药剂或者其复配剂，同时可以添加叶面肥。防治方法。

（1）小麦纹枯病和根腐病：

小麦拔节期即 4 月上中旬，用 10% 苯醚甲环唑水分散粒剂 20g 或 12.5% 烯唑醇可湿性粉剂 15g 或 30% 苯甲·丙环唑乳油 20~30ml 全田喷雾，隔 10~15d 再喷一次。

（2）小麦全蚀病：

小麦返青后 3 月中旬亩用 30% 苯醚·丙环唑乳油 20~30ml 或者 12.5% 硅噻菌胺悬浮剂 20~30ml 喷雾。

（3）小麦红蜘蛛：

防治指标：麦田单行每尺 200 头时，亩用 1.8% 的阿维菌素 1 000 倍液全田喷雾。

（4）小麦蚜虫：

防治指标：苗期每平方米有蚜 30～60 头、孕穗期有蚜株率 15%～20% 或平均每株蚜虫达 10 头时用药防治。每亩用 10% 吡虫啉可湿性粉剂 30g 加水 30kg 喷雾，或者 5% 高效氯氟氰菊酯乳油 40ml 加水 30kg 喷雾。

（5）小麦吸浆虫：

最佳防治期为孕穗期。小麦拔节后抽穗前每样方（10cm×10cm×20cm）有虫蛹 1 头以上时，亩用 5% 毒死蜱颗粒剂 1.5kg 拌细土 25kg，均匀施于麦垄内，施药后立即浇水。抽穗后防治成虫，即 5 月上旬，扒麦一眼可见成虫 2～3 头时，亩用 4.5% 高效氯氰菊酯乳油 1 000 倍液加水 30kg 全田喷雾。

综合防治方法：阿维菌素 + 苯醚甲环唑 + 联苯菊酯 + 噻虫嗪，防治小麦纹枯、根腐、全蚀等真菌性病害和麦田红蜘蛛、蚜虫、吸浆虫等虫害。可以根据麦田主要病害或虫害防治佳期选择用药。

4. 小麦抽穗期—灌浆期一喷三防（5 月 1—15 日）

此阶段主要是防治小麦白粉病、锈病、赤霉病、穗蚜、麦叶蜂等病虫害。目的是杀虫、治病、抗干热风，实施"一喷三防"技术。常使用药剂：苯醚甲环唑、烯唑醇、噻虫嗪、联苯菊酯、毒死蜱、吡虫啉等药剂复配剂。

（1）小麦白粉病：

一般小麦中后期发病，每亩用 12.5% 烯唑醇可湿性粉剂 30～60g 或 30% 苯甲·丙环唑乳油 35ml 加水 30kg 喷雾。

（2）小麦锈病：

每亩用 12.5% 氟环唑悬浮剂 50～60g 或 25% 苯甲·丙环唑乳油 4 000～5 000 倍液全田喷雾。每隔 7d 喷一次，连喷 2～3 次。

（3）小麦赤霉病：

小麦齐穗后扬花前每亩 40% 多菌灵胶悬剂 120g 或 30% 苯甲·丙环唑 10g 加水 30kg 喷雾。

（4）小麦穗蚜：

当百株有蚜 500 头时用药防治。每亩用 10% 吡虫啉可湿性粉剂 30g 加水 30kg 喷雾，或者用 5% 高效氯氟氰菊酯乳油 40ml 加水 30kg 喷雾。

（5）小麦叶蜂：

麦田每平方米幼虫 50 头以上时，可结合治蚜一并用药防治。可用 48% 毒死蜱乳油 1 000 倍液全田喷雾。

综合防治方法：苯甲·丙环唑 + 噻虫嗪 + 联苯菊酯 + 磷酸二氢钾 + 助剂。主要防治小麦白粉病、锈病、赤霉病等真菌性病害和穗蚜、麦叶蜂等虫害并防干热风。

专业化无人机飞防公司一般使用专用药剂即超低容量液剂，区别于常规药剂。超低容量液剂具有比重大、下沉速度快，靶标作物润湿、渗透性强的特点，防治效果好。

三、适宜种植区域

河北省黑龙港流域小麦种植区。

四、联系单位及联系地址

泊头市农业局

五、联系人及电话

李金英：13482907009

玉米病虫害专业化统防统治技术

一、技术概述

河北省玉米病虫害有 20 多种，病害主要有玉米大斑病、小斑病、瘤黑粉病、丝黑穗病、褐斑病、弯孢霉叶斑病、青枯病、穗粒腐病和病毒病，在局部地区为害严重的有锈病、纹枯病、褐斑病、圆斑病、灰斑病等病害；虫害主要有地下害虫玉米螟、地老虎、黏虫、蚜虫、二点委夜蛾、红蜘蛛等。玉米病虫害造成的产量损失 10% 以上。

玉米的关键期用药主要是在苗期和中期。苗期用药主要是防治地下害虫、蓟马、灰飞虱、瑞典蝇和杂草。中期用药主要是除治玉米螟、斑病、蚜虫、红蜘蛛等。由于玉米是高秆作物，传统的人工防治田间操作难度大、防控效果差，近年来，高秆喷雾机械和无人机技术的应用解决了这一难题，不仅降低了成本，而且防治效果倍增。2015 年，泊头市引进无人机对渤海粮仓项目区千亩示范方玉米进行了飞防，及时有效地控制了玉米螟和黏虫的为害。

二、技术要点

根据河北省玉米各生育期病虫草害发生特点，玉米全生育期统防统治大概有 4 项主要技术。

1. 药剂拌种或种子包衣技术

杀虫剂和杀菌剂等合理混配拌种或实施种子统一包衣对于防治玉米地下害虫、灰飞虱、蓟马等虫害，预防玉米粗缩病、苗枯、纹枯病等病害是最经济有效的措施，可以减少生长期用药、提高治虫防病效果。常用药剂拌种方法：

（1）高巧 30ml + 立克秀 10ml 加水 150 ~ 200ml，拌玉米种子 5 ~ 6kg 阴干后播种；

（2）2.5% 适乐时种衣剂 10g + 50% 辛硫磷乳油 10ml + 天达 211 625g 加水 100ml，拌 5 ~ 7.5kg 种子阴干后播种。

2. 播种期除草技术

在玉米播种后出苗前除草。每亩用38%莠去津悬浮剂150～200ml＋4%烟嘧磺隆悬浮剂100～125ml加水40～60kg喷雾；或者每亩用38%莠去津悬浮剂150～200ml＋20%百草枯水浮剂150～200ml加水40～60kg喷雾，要求喷匀打透。

苗后除草杀虫技术。玉米苗2～4叶期，每亩用封杀双笑（5%硝磺草酮＋20%莠去津）可分散油悬浮剂200g，加水40～50kg喷雾。或者用5ml苞卫＋90%莠去津70g＋专用助剂，加水30kg喷雾。注意不能与有机磷农药或氨基甲酸酯类农药混用，使用间隔期应在7d以上。可以与20%氯虫苯甲酰胺悬浮剂4 500倍液或6.5%甲氯菊酯乳油1 500倍液混用，一并防治灰飞虱、蓟马、蚜虫等虫害。

3. 苗期除治二点委夜蛾技术

玉米苗期百株有虫2～8头时防治。方法：炒香麦麸5kg＋48%毒死蜱乳油200ml加适量水制成毒饵，或者用5%毒死蜱颗粒剂1kg拌细土25kg制成毒土，于傍晚顺垄撒在苗茎基部周围，注意不要撒到玉米植株上。或者亩用48%毒死蜱1 000倍液喷淋玉米苗根部。

4. 防治玉米螟技术

玉米螟是河北省玉米发生最普遍、为害最重的虫害，通常防治方法是撒颗粒剂、药液灌心和田间喷药。常用配方：在心叶末期花叶株率10%时喷洒25%灭幼脲3号悬浮剂600倍液；在虫穗率达10%或百穗花丝有虫50头时喷洒1%甲维盐乳油1 500倍液或5%氯氟氰菊酯乳油1 000倍液。也可以亩用1.5%辛硫磷颗粒剂500～800g撒入喇叭口内。实施药液喷雾时可以加入杀菌剂如苯醚甲环唑和杀螨剂如阿维菌素，兼防治玉米病虫害如叶斑病、锈病、红蜘蛛、蚜虫等，实现一喷多效。

专业化无人机飞防公司一般使用超低容量液剂，区别于常规药剂。超低容量液剂具有比重大、下沉速度快、靶标作物润湿、渗透性强的特点，防治效果好。

三、适宜种植区域

河北省黑龙港流域玉米种植区。

四、联系单位及联系地址

泊头市农业局

五、联系人及电话

李金英：13482907009

第六篇　抗旱耐盐丰产作物新品种简介

小麦新品种—小偃81

　　该品种为中国科学院遗传与发育生物学研究所在进行"磷高效""氮高效""高光效"小麦种质资源鉴定与筛选的基础上，于1996年以"小偃54"和"8602"为亲本，经过有性杂交、系统选择和重要特性系统鉴定，成功培育出集高产、优质、养分水分和光能高效利用于一体的小麦新品种。2005年，河北省品种审定委员会审定通过，审定编号为"冀审麦2005006号"（图6-1）。

图6-1　小偃81示范田

一、特征特性

该品种属半冬性多穗型早熟品种，生育期240d。幼苗半匍匐，叶片芽鞘绿色，幼苗淡绿色，叶耳绿色，茎叶无蜡质，旗叶较长，挺直夹角较小，叶片无茸毛。抗寒性强，分蘖力较强，成穗多，成穗率高，亩穗数50万左右。成株株型紧凑，株高75cm左右，抗倒性较好。穗纺锤型，顶芒、白壳、白粒、硬质，籽粒饱满度好。穗粒数31粒左右，千粒重36.2g，容重796g/L。熟相好。晚播不晚熟。河北省农林科学院植物保护研究所抗病鉴定结果：2004年条锈病2级，叶锈病3级，白粉病4级。2005年条锈病2级，叶锈病3级，白粉病3级。

二、主要优点

1. 耐盐性好

据中国科学院遗传与发育生物学研究所鉴定结果，小偃81芽期耐盐性为1级。经多年多点试验表明，该品种适宜在含盐量0.2%以下的中轻度盐碱地上种植。

2. 抗旱性强

该品种经水旱交替选择培育而成，其抗旱性表现突出，经测定其耐旱系数为0.95，且具有多蘖、窄叶、蜡质、抗热等多个旱生性状。

3. 品质优良

2004—2005年两年河北省农作物品种品质检测中心检测分析结果分别为：籽粒蛋白质含量14.96%、15.53%，沉降值32.8ml、40.3ml，湿面筋含量35.7%、34.4%，吸水率62.1%、61.0%，形成时间3.8min、6.7min，稳定时间5.2min、10.2min。2005年面包评分为75.3分。

4. 抗寒性较强

在历年区试和生产试验中，抗寒性冻害级别为1级，越冬百分率为99%以上。

5. 丰产稳产

2003—2004年区域试验，平均亩产564.98kg；2004—2005年度区域试验，平均亩产 482.48kg；2004—2005 年生产试验，平均亩产 476.96kg。多点试验结果分析，稳产性好。

三、栽培技术要点

1. 施足底肥

一般亩施纯 N：5～8kg，P_2O_5：8～10kg，旱碱地一次底施，水浇地可结合浇水拔节期追施 N：5～6kg。

2. 适期播种

冀中南地区适宜播期为 10 月 5—15 日，可适当晚播。

3. 播量合理

适期播种亩播量一般在 8～10kg，晚播应适当加大播量。

4. 浇水适量

该品种在半旱地浇 1～2 水比较适宜，以拔节和孕穗期为好。

5. 除虫防病

播前可用杀虫剂和杀菌剂拌种。防治地下害虫和黑穗病，抽穗后及时防治白粉病和蚜虫保证丰收。

四、适宜种植区域

适宜河北省黑龙港地区冬麦区中高水肥轻度盐碱地区种植。

五、联系单位及联系地址

河北省石家庄市槐中路 286 号，中国科学院遗传发育所农业资源研究中心

六、联系人及电话

刘小京：0311－85871742

小麦新品种—小偃60

该品种为中国科学院遗传与发育生物学研究所于 2003 年以"小偃 54"和"鲁麦 13"为亲本，经过有性杂交、系统选择，从而培育成功的具有抗旱、耐盐、高产、优质的小麦新品种。农业部植物新品种保护办公室 2010 年 11 月 1 日出版的《农业植物新品种保护公报》中公布的"小偃 60"公告号：CNA006912E（图 6 - 2）。

图 6 - 2　小偃 60 示范田

一、特征特性

该品种属半冬性多穗型中熟品种，亩穗数 45 万左右；株高 80cm 左右，株型紧凑，叶片淡绿色，叶片下披；长芒、纺锤形穗、白壳、白粒、千粒重 45～50g，穗粒数 30 粒左右；幼苗半匍匐，越冬性较好，返青起身快，抗白粉病；落黄好，熟相优；品质优良；耐盐、抗旱、耐瘠薄能力强，特点鲜明，适宜在环渤海地区种植。

二、主要优点

1. 耐盐性好

据中国科学院遗传与发育生物学研究所鉴定结果，小偃 60 芽期耐盐性为 1 级。经多年多点试验表明，该品种适宜在土壤含盐量 0.3% 以下中度或轻度盐碱地种植。

2. 品质优良

容重 792g/L，籽粒蛋白质含量为 16.5%，湿面筋含量 38.2%，属优质中筋小麦，适合做面条、馒头、饺子等食品。

3. 丰产稳产

2011—2013 年，在沧州市南皮的盐渍化土壤种植情况表明，亩产可达 500kg，在海兴盐碱地（土壤含盐量 0.2%，无灌溉）进行的生产性试验亩产 337kg，比对照品种冀麦 32 增产 22.9%，在天津市静海县（灌一水）亩产 568kg，比对照品种津引 2 号增产 26.6%。

三、栽培技术要点

1. 施足底肥

播种前结合整地每亩施基肥尿素 10kg，磷酸二铵 15kg，可结合浇水拔节期追施尿素 10kg。

2. 适期播种

建议在 10 月上中旬播种。

3. 播量合理

适期播种亩播量一般在 10～15kg。

4. 浇水适量

该品种除适应旱地种植外，半旱地浇 1 水比较适宜，浇水时间以拔节和孕穗期为好。

5. 除虫防病

播前可用杀虫剂和杀菌剂拌种。防治地下害虫和黑穗病，抽穗后及时防治蚜虫保证丰收。

四、适宜种植区域

适宜河北省黑龙港流域缺水中低产田麦区种植。适宜播种期为 10 月上中旬。播种量为 10 ~ 15kg/亩。重施基肥，足墒播种，晚灌拔节水，晚施拔节肥。

五、联系单位及联系地址

河北省石家庄市槐中路 286 号，中国科学院遗传发育所农业资源研究中心

六、联系人及电话

刘小京：0311 – 85871742

小麦新品种—沧麦6001

　　该品种为沧州市农林科学院农作物育种研究所利用临汾6154（母本）与71—321（父本）有性杂交，经水、旱、碱3种生态条件交替选择选育而成。1998年3月河北省品种审定委员会审定通过，审定编号为"冀审麦98004"（图6-3）。

图6-3　小麦新品种沧麦6001

一、特征特性

1. 植物学特性

　　幼苗半直立根系发达，叶色深绿，叶片苗期窄长，后期叶片较大，株高80~90cm，株型紧凑。穗纺锤型、长芒、红壳、白粒，千粒重41g，籽粒大小均匀，硬质腹沟较浅，饱满度好，光泽好。

2. 生物学特性

　　该品种属冬性，冬前生长稳健分蘖力强，成穗率高，茎秆强韧，抗倒伏力较强。全生育期242d，抗寒性好、抗旱耐盐性突出，均为1级，抗锈病，抗白粉病，抗干热风能力强。熟相好。

二、主要优点

1. 耐盐性好

　　据山东德州农科所和中国农科院品资所鉴定结果，其耐盐性为1级、2级。

沧州市农林科学院采用设施模拟鉴定，耐盐性为 1 级。耐盐指数为 1.68。

2. 抗旱性强

由于该品种经水旱交替选择培育而成，其抗旱性表现突出，在多次旱地产比中均居第一位，经测定其耐旱系数为 0.96，并具有多蘖，窄叶、蜡质、抗热等多个旱生性状。

3. 品质优良

据河北省品质检测中心测定，蛋白质含量 14.42%，赖氨酸含量 0.36%，湿面筋含量 40.7%，沉降值为 31.2，面团品质评分为 48 分，其中，营养加工品质两项重要指标均超过国家优质麦要求指标（即蛋白质 14%，湿面筋含量 35%）。

4. 抗寒性强

在历年区试和生产试验中，抗寒性冻害级别为 1 级，越冬百分率为 99% 以上，在所有参试品种中，抗寒性最好。

5. 丰产稳产

诸多抗逆性状与丰产性的有效结合是该品种的突出特点。在中捷农场旱碱地种植，亩产达到 384kg。浇二水条件省专家组验收达 459kg，表现出突出的丰产潜力和抗旱耐盐特点。多点试验结果分析，3 年省内试验 4 组共 21 个点次，仅 4 点减产，且幅度很小，稳产性好。

三、栽培技术要点

1. 施足底肥

一般亩施纯 N：4～5kg，P_2O_5：8～10kg，旱碱地一次底施，水浇地可结合浇水拔节期追施 N 3～5kg。

2. 适期播种

冀中南地区适宜播期为 9 月 25 日至 10 月 10 日。

3. 播量合理

适期播种亩播量在 10～12.5kg，晚播应适当加大播量。

4. 浇水适量

该品种除适应旱地种植外，半旱地浇 1～2 水比较适宜，以拔节期和孕穗期为好。

5. 除虫防病

播前可用杀虫剂和杀菌剂拌种。防治地下害虫和黑穗病,抽穗后及时防治蚜虫保证丰收。

四、适宜种植区域

适宜河北省黑龙港流域缺水中低产麦区旱碱地麦田种植。

五、联系单位及联系地址

河北省沧州市运河区九河西路,沧州市农林科学院

六、联系人及电话

赵松山:0317 – 2128613　　　　13503179601

小麦新品种—沧麦6005

抗旱耐盐小麦品种沧麦6005是沧州市农林科学院以临汾6154为母本，中捷321为父本，通过有性杂交经两圃平行交替选择法培育而成。2008年、2009年参加国家黄淮旱薄组区试，2010年参加生产试验，同年通过国家品种审定委员会审定，审定编号：国审麦2010013。2012年通过河北省品种审定委员会审定，审定编号：冀审麦2012007（图6-4）。

图6-4　小麦新品种沧麦6005

一、特征特性

该品种属半冬性晚熟多穗型品种，全生育期244d。幼苗匍匐，分蘖力较强，生长健壮，成穗率较高。返青慢，拔节较晚，株型半紧凑，灌浆时间长，株高80cm左右，叶片较窄、平展，叶色灰绿，旗叶上举，茎秆灰绿色、较细、弹性较好，抗倒伏性好。穗层整齐，纺锤型穗，短芒，白壳，白粒，角质，饱满度一般。抗寒性较好，熟相好。2008年、2009年分别测定混合样：籽粒容重810g/L、804g/L，硬度指数67.0、65.1，蛋白质含量14.17％、14.23％；面粉湿面筋含量32.8％、34.5％，沉降值25.2mL、28.2mL，吸水率58.4％、60.2％，稳定时间1.8min、1.8min，最大抗延阻力120 E.U、96 E.U，延伸性172mL、172mL，拉伸面积 30cm²、24cm²。

抗旱性：河北省农林科学院旱作农业研究所抗旱性鉴定结果，2009—2010年抗旱指数 1.139，2010—2011 年抗旱指数 1.162。抗旱性强。

抗病性：河北省农林科学院植物保护研究所抗病性鉴定结果，2009—2010年度中感叶锈病、白粉病和条锈病；2010—2011 年度中抗白粉病，中感叶锈病和条锈病。

二、产量表现

2008 年黄淮旱薄组区试，10 点汇总 8 点增产，平均亩产 300.8kg，较对照种晋麦 47 增产 6.3%，居 9 个品种第二位。

2009 年 10 点汇总，8 点增产、平均亩产 252.1kg，较对照种增产 5.5%，居12 个参试品种第一位。

2010 年生产试验，平均亩产 261.7kg，比对照晋麦 47 增产 2.1%。

2009—2010 年度黑龙港流域旱薄组区域试验平均亩产 351kg，2010—2011 年度同组区域试验平均亩产 372kg。2010—2011 年度生产试验平均亩产 386kg。

三、栽培技术要点

1. 适期播种

适宜播期 10 月 5 日前后。

2. 播量调节

播种量 15kg/亩，适播期后每推迟 1d 亩增加 0.75kg。

3. 重施底肥

亩施磷酸二铵 30kg、尿素 15kg、硫酸钾 15kg、硫酸锌 1.5kg 作为底肥。

4. 节水灌溉

浇好拔节水，孕穗期和开花期之间及时浇水，根据苗情适当补施氮肥。

5. 锄划保墒

无水浇条件，采用雨季蓄墒，播种科学用墒，春季锄划保墒技术。

四、适宜种植区域

适宜在黄淮冬麦区的山西南部、陕西咸阳和铜川、河南西北部、河北省黑龙港麦区的旱地种植。

五、联系单位及联系地址

河北省沧州市运河区九河西路，沧州市农林科学院

六、联系人及电话

赵松山：0317 - 2128613　　　　13503179601

小麦新品种—沧麦12

沧麦12是沧州市农林科学院针对河北省黑龙港麦区干旱缺水多灾的特殊生态条件，利用沧96-277为母本，以品16为父本配制杂交组合，后代经旱水两圃平行交替选择培育而成的多抗节水高产品种。2013年4月通过河北省作物品种审定委员会审定，审定编号：冀审麦2008号。准予在东部黑龙港流域推广种植。抗旱鉴定于人工模拟干旱棚和田间自然干旱两种环境进行，2006年抗旱指数分别为1.069、1.137；2007年抗旱指数分别为1.095、1.108（图6-5）。

图6-5　小麦新品种沧麦12

一、特征特性

该品种属半冬性中晚熟品种，平均生育期249d。幼苗匍匐，叶色深绿，分蘖力较强。成株株型较松散，株高73.8cm。穗纺锤型，长芒，白壳，白粒，硬质，籽粒较饱满。亩穗数35.8万，穗粒数34.5个，千粒重44.7g，容重754.4g/L。抗倒性强，抗寒性优于邯4589。2012年农业部谷物品质监督检验测试中心测定，粗蛋白质（干基）14.64%，湿面筋31.1%，沉降值32.3ml，吸水量58.9ml/100g，形成时间5.0min，稳定时间9.2min。

抗旱性：河北省农林科学院旱作农业研究所抗旱性鉴定，2009—2010年度抗旱指数1.068，2010—2011年抗旱指数1.089，抗旱性中等。

抗病性：河北省农林科学院植物保护研究所抗病性鉴定，2009—2010年度中感白粉病，中抗条锈病，高感叶锈病；2010—2011年度中抗条锈病、叶锈病，中感白粉病。

二、产量表现

2009—2010 年度黑龙港流域节水组区域试验平均亩产 399kg，2010—2011 年度同组区域试验平均亩产 449kg，2011—2012 年度黑龙港流域节水组生产试验平均亩产 465kg。

三、栽培技术要点

1. 适期播种

适宜播期 10 月 5 日前后。

2. 播量调节

播种量 17.5kg/亩，适播期后每推迟 1d 亩增加 0.75kg 播量。

3. 重施底肥

在保浇 1～2 水的栽培条件下，亩施磷酸二铵 30kg、尿素 15kg、硫酸钾 15kg、硫酸锌 1.5kg 作为底肥。若无水浇条件，亩施碳铵和过磷酸钙各 50kg。

4. 节水灌溉

浇好拔节水，孕穗期和开花期之间及时浇水，根据苗情适当补施氮肥。

5. 锄划保墒

无水浇条件，采用雨季蓄墒，播种科学用墒，春季锄划保墒技术。

四、适宜种植区域

建议在河北省黑龙港流域冬麦区种植。

五、联系单位及联系地址

河北省沧州市运河区九河西路，沧州市农林科学院

六、联系人及电话

赵松山：0317 - 2128613　　　　　　13503179601

玉米新品种—联丰20

联丰20是肃宁县种业有限责任公司选育而成的高产、优质玉米新品种。亲本组合母本为SN0772，父本为SN0758。2008年5月通过河北省作物品种审定委员会审定，（审定编号为：冀审玉2008017）。2011年通过天津市品种审定委员会审批，审批编号：津准引玉2011008（图6－6）。

根系发达　抗旱抗倒

种植农户　喜获丰收

红轴黄粒　提早卖粮

图6－6　玉米新品种联丰20

一、特征特性

生育期102d。幼苗叶鞘绿色，成株株型半紧凑，株高268cm，穗位111cm，全株19片叶，雄穗分枝11个，花药黄色，花丝浅粉色。果穗锥形，穗轴红色，穗长19.1cm，穗行数15行，秃顶度1.5cm。籽粒黄色，半马齿型，百粒重36.5g，出籽率86.1%。

2007年河北省农作物品种品质检测中心测定，籽粒粗蛋白8.16%，赖氨酸0.30%，粗脂肪4.26%，粗淀粉74.22%。2011年，经天津市植保所鉴定：感小斑病（48.3%）、感弯孢菌叶斑病（49.5%）、抗中黑粉病（9.2%）、中抗茎基腐病（11.8%）；经河北省农林科学院植物保护研究所鉴定：中抗小斑病，感弯孢菌叶斑病，高感黑粉病（47.1%），中抗茎基腐病（27.8%）。

二、主要优点

1. 品质优良

籽粒含粗蛋白8.16%，赖氨酸0.30%，粗脂肪4.26%，粗淀粉74.22%。

2. 高产、稳产

2005 年河北省夏玉米低密度区域试验平均亩产 579kg，2006 年同组区域试验平均亩产 583.6kg。2007 年生产试验平均亩产 639.5kg。

3. 抗病抗旱抗倒耐密

抗小斑病、花叶病、中抗大斑病、中抗弯孢霉叶斑病、瘤黑粉病。联丰 20 根系发达，株高穗位适中，活秆成熟，抗倒性强。

三、栽培技术要点

1. 合理施肥

有机肥 1 500kg/亩，根据土壤肥力，底施 N-P-K 有效含量 45% 的玉米专用复合肥（或缓释肥）35 ~ 50kg/亩。在 9 ~ 11 叶大喇叭口期，追施尿素 25kg/亩。

2. 适期播种

春播于 5 月上中旬、夏播于小麦收获后及时播种。平播，播深 3 ~ 4cm。

3. 播量合理

低肥力地块，亩密度 3 500 ~ 4 000 株，中等肥力以上地块栽培，亩密度 5 000 株左右。

4. 适量浇水

该品种除适应旱地种植外，半旱地浇 1 ~ 2 水比较适宜，以拔节期为好。

5. 除虫防病

及时防治地下害虫、蚜虫、玉米螟及黑粉病、大斑病、茎基腐病。

6. 适期收获

玉米进入完熟期时收获，适当晚收，保证玉米充分成熟。

四、适宜种植区域

建议在河北省夏播玉米区种植

五、联系单位及联系地址

河北省沧州市运河区九河西路，沧州市农林科学院

六、联系人及电话

徐玉鹏：13932763123

玉米新品种—郑单958

郑单958是河南省农业科学院粮食作物研究所以郑58为母本、昌7-2为父本杂交育成的中早熟玉米单交种，于2000年4—6月先后通过河北省、山东省和国家品种审定（图6-7）。

图6-7 玉米新品种郑单958

一、特征特性

1. 高产、稳产

1998年、1999年两年全国夏玉米区试均居第一位，比对照品种增产28.9%、15.5%。1998年区试山东试点平均亩产达674kg，比对照品种增产36.7%；高者达927kg。经多点调查，郑单958比一般品种每亩可多收玉米75~150kg。郑单958穗子均匀，轴细，粒深，不秃尖，无空秆，年间差异非常小，稳产性好。

2. 抗倒、抗病、耐密

郑单958根系发达，株高穗位适中，抗倒性强；活秆成熟，经1999年抗病鉴定表明，该品种高抗矮花叶病毒、黑粉病，抗大小斑病。

二、主要优点

1. 品质优良

该品种籽粒含粗蛋白 8.47%、粗淀粉 73.42%、粗脂肪 3.92%，赖氨酸 0.37%，为优质饲料原料。

2. 综合农艺性状好

黄淮海地区夏播生育期 96d 左右，株高 240cm，穗位 100cm 左右，叶色浅绿，叶片窄而上冲，果穗长 20cm，穗行数 14～16 行，行粒数 37 粒，千粒重 330g，出籽率高达88%～90%。

3. 适应性广

该品种抗性好，结实性好，耐干旱，耐高温，非常适合我国夏玉米区种植。2000 年在东北各地种植观察，郑单 958 有较好的表现。

三、栽培技术要点

1. 合理施肥

有机肥 1 500kg/亩，根据土壤肥力，底施 N-P-K 有效含量45%的玉米专用复合肥（或缓释肥）35～50kg/亩。在 9～11 叶大喇叭口期，追施尿素 25kg/亩。

2. 适期播种

春播于 5 月上中旬、夏播于小麦收获后及时播种。平播，播深 3～4cm。

3. 播量合理

低肥力地块，亩密度 3 500～4 000 株，中等肥力以上地块栽培，亩密度 4 500～5 000株。

4. 适量浇水

该品种除适应旱地种植外，半旱地浇 1～2 水比较适宜，以拔节期和孕穗期浇水为好。

5. 除虫防病

注意防治玉米螟。

6. 适期收获

玉米进入完熟期时收获。适当晚收，保证玉米充分成熟。

四、适宜种植区域

适宜在黄淮海玉米种植区域种植。

五、联系单位及联系地址

河北省沧州市运河区九河西路，沧州市农林科学院

六、联系人及电话

徐玉鹏：13932763123

玉米新品种—华农 866

华农 866 是北京华农伟业种子科技有限公司以 B280 和京 66 为亲本杂交育成的玉米杂交品种，于 2014 年通过国家农作物品种审定委员会审定，审定编号：国审玉 2014001 （图 6 - 8）。

图 6 - 8　玉米新品种华农 866

一、特征特性

东华北春玉米区出苗至成熟 126d，比郑单 958 早 1d。幼苗叶鞘紫色，叶缘紫色，花药黄色，颖壳紫色。株型半紧凑，株高 307cm，穗位高 116cm，成株叶片数 20 片。花丝红色，果穗长筒型，穗长 19cm，穗行数 16 行，穗轴红色，籽粒黄色、马齿型，百粒重 37.5g。接种鉴定，中抗弯孢叶斑病和灰斑病，感大斑病、丝黑穗病和镰孢茎腐病。籽粒容重 757g/L，粗蛋白含量 9.11%，粗脂肪含量 3.92%，粗淀粉含量 75.26%，赖氨酸含量 0.29%。属高淀粉玉米品种。

产量表现：2012—2013 年参加东华北春玉米品种区域试验，两年平均亩产 813.8kg，比对照增产 7.5%；2013 年生产试验，平均亩产 777.7kg，比对照郑单 958 增产 8.8%。

二、栽培技术要点

中上等肥力地块种植，4 月下旬至 5 月上旬播种，亩种植密度 3 800~4 200 株；亩施农家肥 2 000~3 000kg 或三元复合肥 30kg 作基肥，大喇叭口期亩追施尿素 30kg。

三、审定意见

该品种符合国家玉米品种审定标准，通过审定。

四、品种选育单位

北京华农伟业种子科技有限公司

五、适宜种植区域

适宜辽宁、吉林中晚熟区，内蒙古自治区（简称内蒙古）赤峰和通辽、河北北部、天津、北京北部、山西中晚熟区、陕西延安地区春播种植。

六、联系单位及联系地址

北京市朝阳区北辰西路 1 号院 2 号，中国科学院遗传与发育生物学研究所

七、联系人及电话

陈化榜：18611661995

玉米新品种—华农 138

华农 138 是天津科润津丰种业有限责任公司、北京华农伟业种子科技有限公司以 B105 和京 66 为父母本杂交育成的玉米杂交品种，于 2014 年通过国家农作物品种审定委员会审定通过，审定编号国审玉 2014013（图 6 - 9）。

图 6 - 9　玉米新品种华农 138

一、特征特性

黄淮海夏玉米区出苗至成熟 102d，与对照相当。幼苗叶鞘紫色，叶缘紫色，花药浅紫色，颖壳紫色。株型半紧凑，株高 281cm，穗位高 102cm，成株叶片数 19 片。花丝浅紫色，果穗长筒型，穗长 17.5cm，穗行数 16 行，穗轴红色，籽粒黄色、半马齿型，百粒重 37g。接种鉴定，抗腐霉茎腐病，中抗小斑病，感镰孢茎腐病、大斑病和弯孢叶斑病，高感粗缩病、瘤黑粉病和南方锈病。籽粒容重 792g/L，粗蛋白含量 9.29%，粗脂肪含量 3.78%，粗淀粉含量 72.17%，赖氨酸含量 0.3%。

产量表现：2012—2013 年参加黄淮海夏玉米品种区域试验，两年平均亩产 696.0kg，比对照增产 6.0%；2013 年生产试验，平均亩产 620.4kg，比对照郑单 958 增产 6.1%。

二、栽培技术要点

中上等肥力地块种植，6 月上中旬播种，亩种植密度 4 000～4 500 株；亩施农家肥 2 000～3 000kg 或三元复合肥 30kg 作基肥，大喇叭口期亩追施尿素 30kg。注意防治瘤黑粉病、粗缩病和南方锈病。

三、审定意见

该品种符合国家玉米品种审定标准，通过审定。

四、选育单位

天津科润津丰种业有限责任公司，北京华农伟业种子科技有限公司

五、适宜种植区域

适宜山东、河南、河北保定及以南地区及山西南部、陕西关中灌区和江苏北部、安徽北部夏播种植。

六、联系单位及联系地址

北京市朝阳区北辰西路 1 号院 2 号，中国科学院遗传与发育生物学研究所

七、联系单位及联系地址

陈化榜：18611661995

大豆新品种—沧豆6号

一、品种来源

沧豆6号由河北省沧州市农林科学院1998年利用郑77249作母本，沧9403（科丰6×尖叶豆）作父本进行杂交，经多代选育而成。河北省农作物品种审定委员会审定通过，审定编号：冀审豆2008001（图6－10）。

图6－10　大豆新品种沧豆6号

二、特征特性

该品种夏播生育期98d左右，株高83.6cm，主茎16.3节，分枝3.5个。紫花，棕毛，卵圆叶，有限结荚习性。单株结荚105.9个，百粒重19.4g，籽粒椭圆型、种皮黄色、褐脐。

三、栽培技术要点

（1）播期：据试验6月中旬为最佳播期。

（2）每亩播种量 4～5kg，留苗密度 1.3 万～1.5 万株/亩。

（3）播后苗前用除草剂乙草胺封地面。

（4）根据土壤肥力每亩低施氮、磷、钾复合肥 20～30kg。

（5）适宜机械化播种和联合收割机收获。

四、适宜种植区域

适宜黄淮中南部夏播。

五、联系单位及联系地址

河北省沧州市运河区九河西路，沧州市农林科学院

六、联系人及电话

卢思慧：13833758075　　　　电子邮箱：lusihui2004@163.com。

大豆新品种—沧豆 10 号

一、品种来源

沧豆 10 号由沧州市农林科学院利用核不育材料 96B59 与 96QT（群体）有性杂交，经多代选育而成。2011 年 3 月通过河北省农作物品种审定委员会审定，审定编号：冀审豆 2011001。

二、主要特征特性

属亚有限结荚习性，春播生育期 125～130d，夏播 105d 左右。株高 120.4cm，底荚高 18.2cm，主茎 23.3 节，万有效分枝 1.9 个，卵圆叶，紫花，棕毛。单株有效荚 45 个，单荚粒数 2.2 个。百粒重 23g。籽粒椭圆形，黄色种皮，深褐色种脐，微有光泽。抗病性较强。2010 年农业部谷物品质监督检验测试中心测定：籽粒粗蛋白质（干基）47.22%，粗脂肪 18.35%（图 6 - 11 至图 6 - 14）。

图 6 - 11　沧豆 10 号苗期

图 6 - 12　沧豆 10 号田间长势

图 6 - 13　沧豆 10 号结荚期

图 6 - 14　沧豆 10 号成熟

三、栽培技术要点

（1）播期：据试验5月中旬至6月中旬为适宜播期。

（2）每亩播种量4～5kg，留苗密度控制在1.3万～1.6万株/亩。肥水条件好适当稀植；反之密植。

（3）播后苗前用除草剂乙草胺封地面。

（4）施足底肥，增施磷、钾肥，初花期注意追肥。遇旱及时浇水，种植密度大、生长过旺时，注意适时化控和中后期防倒伏。

（5）适宜机械化播种和联合收割机收获。

四、适宜种植区域

适宜在河北省中北部春播和中南部夏播种植。

五、联系单位及联系地址

河北省沧州市运河区九河西路，沧州市农林科学院

六、联系人及电话

卢思慧：13833758075　　　　电子邮件：lusihui2004@163.com

夏谷新品种—沧谷 5 号

沧谷 5 号是沧州市农林科学院以济 8787 为母本，水 2 为父本通过有性杂交选育而成。2000—2007 年按照育种目标经过 8 年的连续定向选择，2008 年性状稳定，不再有分离，将整个株系混合收获，出圃代号：沧 318。2009 年参加本单位的新品系鉴定试验，2010—2011 年参加产量比较试验，2012—2013 年参加国家谷子品种区域试验华北夏谷区试小区试验和生产试验。2013 年 12 月沧 318 通过国家谷子品种鉴定委员会鉴定，定名为沧谷 5 号（图 6 - 15）。

图 6 - 15　沧谷 5 号鉴定证书及田间示范照片

一、特征特性

该品种幼苗绿色，生育期 88d，比对照冀谷 19 早熟 3d。株高 125.30cm。在亩留苗 4.0 万株的情况下，成穗率 87.30 %；纺锤型穗，穗子紧；穗长 19.25cm，单穗重 16.12g，穗粒重 13.61g；千粒重 2.80g；出谷率 84.51 %，出米率 77.05%；黄谷黄米。熟相较好。耐涝性为 1 级，抗旱性 2 级、抗倒性 2 级，对纹枯病、谷瘟病抗性均为 2 级，白发病、红叶病、线虫病发病率分别为 1.16%、0.71%、1.67%，蛀茎率 1.32%。

二、产量表现

1. 区域试验

2012 年参加国家夏谷区域试验，平均亩产 322.7kg，比对照冀谷 19 增产 5.11%，11 个试点 7 点增产，增产幅度 2.97% ~ 24.32%，4 点减产，减产幅度 0.21% ~ 4.58%。变异系数 6.45%，适应度 63.6%。2013 年区域试验平均亩产 322.5kg，较对照增产 4.02%，10 个试点 9 点增产，增产幅度在 0.3% ~ 17.31% 之间；1 点减产，减产率为 13.88%，变异系数 7.45%，适应度 90.0%。

2012—2013 年区域试验平均亩产 321.9kg，较对照冀谷 19 增产 4.56%，居 2012—2013 年参试品种第四位，两年 21 点次区域试验 16 点次增产、增产幅度为 0.3% ~ 24.32%，增产点率为 76.2%。

2. 生产试验

2013 年参加生产试验，平均亩产 329.7 kg，较对照增产 8.87%，居参试品种第一位，7 点生产试验 6 点增产，增产幅度在 1.99% ~ 26.66%，只在德州试点减产 1.88%。

三、栽培技术要点

1. 播期

春播：5 月 20—30 日，夏播：6 月 10—25 日

2. 适宜播量

适宜播种量为 0.3 ~ 0.4kg/亩，实现精量播种，保证亩留苗 4.0 万 ~ 5.0 万株。播种前，用乙酰甲胺磷拌种，浓度 0.3%，闷种 4h，防治线虫病和白发病的发生（图 6 – 16）。

3. 施肥

播种前施足底肥，每亩施用腐熟有机肥 1 ~ 2m³，磷酸二胺 20.0kg，硫酸钾 7.0kg 作底肥；拔节期至孕穗期追施尿素 10.0kg/亩。

4. 除草剂使用

播种后出苗前每亩喷施 "谷友" 80 ~ 100g，务必均匀喷施，即可起到很好灭

图 6 - 16　谷子精量播种技术

草作用，使用注意事项：播种前注意天气预报，选择播种后 5 ~ 7d 没有大雨的时间播种，以免产生药害，如果土壤含水量较多，可以减少药剂用量。5 ~ 6 叶期后阔叶杂草多，可喷施二甲四氯可湿性粉剂 40 ~ 50g/亩。

5. 管理技术要点

播前造墒，足墒播种，播后及时镇压，保证出全苗，3 ~ 5 叶期间苗，5 ~ 6 叶期定苗，及时锄草，避免苗期草荒。拔节期结合深中耕培土，追施尿素 10kg/亩，促进根系发育。根据田间长势可追施抽穗肥，保证谷子整个生育期对肥料的需求。及时防治病虫害。

6. 及时收获

在谷子成熟期及时收获，保证丰产丰收。

四、适宜种植区域

河北、河南、山东三省两作制地区夏播及丘陵山地春播，同时可在辽宁中南部春播种植。

五、联系单位及联系地址

河北省沧州市运河区九河西路，沧州市农林科学院

六、联系人及电话

田伯红：18931728799　　　电子邮箱：tianbohong@126.com

棉花新品种—沧棉206

沧棉206由沧州市农林科学院选育而成，系常规品种，由沧8820/PD2164与E99/SGK12杂交后系统选育。2010年通过山东省农作物品种审定委员会审定，审定编号：鲁农审2010014号（图6-17）。

图6-17　沧棉206审定证书及田间长势

一、特征特性

该品种属中早熟品种，出苗较好，中后期生长稳健，不早衰。植株塔形，较松散，叶片中等大小。铃卵圆形，吐絮畅。区域试验结果：生育期127d，株高105cm，第一果枝节位7.7个，果枝数13.0个，单株结铃19.5个，铃重6.3g；霜前花衣分41.7%，籽指11.2g，霜前花率92.9%，僵瓣花率5.3%。2007年和2008年经农业部棉花品质监督检验测试中心测试（HVICC），纤维长度29.3mm，比强度28.3cN/tex，马克隆值5.1，整齐度85.5%，纺纱均匀性指数139.3。山东棉花研究中心抗病性鉴定：高抗枯萎病，耐黄萎病，高抗棉铃虫，增产15.5%。2011年在南大港试验站，生育中期遇旱以5g/L微咸水灌溉，亩产籽棉239.6kg，增产13.4%，表现出显著的耐盐能力。

沧棉206耐盐性鉴定：2010年在南大港土壤含盐量0.41%的条件下进行鉴

定，亩产籽棉 278kg，比对照每亩增产 36.7kg，提高 15.2%，差异显著。比沧棉 198 亩增产籽棉 22.9kg，增产 9%。

二、产量表现

沧棉 206 亩产籽棉 243.4kg，比河北省对照品种冀棉 958 增产 15.2%，对盐碱区生态环境有较强的适应性。在 2007—2008 年全省棉花中熟品种区域试验中，两年籽棉、霜前籽棉、皮棉、霜前皮棉平均亩产分别为 270.0kg、249.6kg、112.0kg 和 103.9kg，分别比对照鲁棉研 21 增产 5.9%、4.1%、6.8% 和 4.6%；2009 年生产试验籽棉、霜前籽棉、皮棉、霜前皮棉平均亩产分别为 262.2kg、249.2kg、107.2kg 和 102.3kg，分别比对照鲁棉研 21 增产 15.5%、13.0%、13.5% 和 11.5%。

三、栽培技术要点

适宜密度为每亩 3 000～3 500 株。其他管理措施同一般大田。

四、适宜种植区域

适宜在山东省、河北省春棉种植区域。

五、联系单位及联系地址

河北省沧州市运河区九河西路，沧州市农林科学院

六、联系人及电话

刘永平：0317－2128630　　　　13931707929